建筑施工安全生产风险隐患
双重预防体系实施指南

《建筑施工安全生产风险隐患双重预防体系实施指南》编写委员会　组织编写

杨一伟　主编

中国建筑工业出版社

图书在版编目（CIP）数据

建筑施工安全生产风险隐患双重预防体系实施指南 /
《建筑施工安全生产风险隐患双重预防体系实施指南》编
写委员会组织编写；杨一伟主编. —北京：中国建筑
工业出版社，2022.8（2024.4重印）
　　ISBN 978-7-112-27535-9

　　Ⅰ. ①建…　Ⅱ. ①建…②杨…　Ⅲ. ①建筑工程–工
程施工–安全管理–风险管理–指南　Ⅳ. ① TU714-62

　　中国版本图书馆 CIP 数据核字（2022）第 105245 号

责任编辑：赵云波
责任校对：张惠雯

建筑施工安全生产风险隐患双重预防体系实施指南
《建筑施工安全生产风险隐患双重预防体系实施指南》编写委员会　组织编写
杨一伟　主编

*

中国建筑工业出版社出版、发行（北京海淀三里河路9号）

各地新华书店、建筑书店经销

北京建筑工业印刷厂制版

建工社（河北）印刷有限公司印刷

*

开本：787 毫米×1092 毫米　1/16　印张：8　字数：144 千字
2022 年 8 月第一版　2024 年 4 月第四次印刷
定价：**35.00** 元
ISBN 978-7-112-27535-9
（39614）

本书编委会

主　　编：杨一伟

副 主 编：胡娟娟　　桑海燕　　张洪霞　　胡莉娟　　杨雪洁

参编人员：彭　强　　韩　健　　韦安磊　　徐怀彬　　周广同　　刘世涛

范自盛　　树文韬　　许贵贤　　肖　冰　　王　超　　姜　宁

杨　春　　孟海泳　　李永明　　张会军　　倪维成　　刘贵国

刘松石　　刘振亮　　王金选　　王广利　　鲍庆振　　王安静

陈前钟　　明宪永　　卢念霞　　乔海洋　　徐祗昶　　杨允凤

黄常礼　　李洪竹　　张祥柱　　杨允跃　　亓文红　　李德收

周树凯　　王茂辉　　陈淑婧　　宋　娜　　朱子聪　　邢凤永

吕　灿　　孟宪达　　郭士华　　李洋洋　　陈科芳　　王永涛

尹正富　　赵红旭　　宋江涛　　王梅莹　　李雪凤　　栾振鹏

韩其畅　　杨绪恩　　潘　浩　　孙进峰　　董春华　　孔祥雁

马国超　　李镇宇　　陈伟伟　　李雪廷　　靳　顺　　李庆栋

杨允龙　　邢凤宝　　单金伟　　苏宗玉　　程晨曦　　黄明炜

林进浔　　祝可为　　陈学雄

本书编写单位

中铁建设集团有限公司

山东晟旸建筑科技有限责任公司

山东万群信息技术有限公司

福建船政交通职业学院

黎明职业大学

福建数博讯信息科技有限公司

中泰安全技术（山东）有限公司

济南固德建筑加固工程有限公司

中国化学工程第十六建设有限公司

前　言

　　2016年1月，习近平总书记提出"对易发重特大事故的行业领域采取风险分级管控、隐患排查治理双重预防工作机制"的要求。2016年4月，国务院安委办印发《标本兼治遏制重特大事故工作指南》。2016年7月，国务院安委办就遏制重特大事故工作开展情况进行通报。2016年10月，国务院安委办印发《关于实施遏制重特大事故工作指南构建双重预防机制的意见》。2016年12月，国务院明确要求"构建风险分级管控和隐患排查治理双重预防工作机制"。2017年1月，加快构建双重预防机制成为国务院五年主要任务之一。2018年1月，中共中央办公厅、国务院办公厅要求"强化安全风险管控""深化隐患排查治理"。

　　"备豫不虞，为国常道"，构建双重预防体系是党中央、国务院加强和改进新时期下安全生产工作的重要部署，是落实建筑施工企业主体责任、夯实安全基础、提升本质安全水平的一项治本之策。建筑施工风险分级管控与隐患排查治理体系建设作为新时代抓好安全生产工作的重大举措，目的是要实现事故的双重预防性工作机制，是"基于风险"的过程安全管理理念的具体实践，是实现事故"纵深防御"和"关口前移"的有效手段。通过开展双重预防体系建设，力求作业行为愈加规范，风险管控更加到位，隐患治理更加及时，生产条件明显改善，安全形势不断向好。

　　本书按照国家安全生产风险分级管控和隐患排查治理体系建设总体要求，充分借鉴和吸收安全生产风险管理相关标准、现代安全管理理念和建筑行业安全生产风险管理经验，融合职业健康安全管理体系及安全生产标准化等相关要求，结合建筑施工企业安全生产特点编制而成。

　　本书用于指导建筑施工企业双重预防体系建设，引导工程项目深入开展双重预防体系工作，达到降低安全生产风险，防止和减少生产安全事故，保证人民群众生命财产安全，全面提高安全生产防控能力和水平，促进企业安全发展的目的。

　　本书的主要内容是：1. 基本要求；2. 体系文件；3. 教育培训；4. 安全生产风

险分级管控体系；5.隐患排查治理体系；6.持续改进；7.信息化管理；8.文件管理。书中的代号"JA"表示"建筑安全"。

本书中双重预防体系指安全生产双重预防体系及职业病危害双重预防体系，除特别注明外，书中风险均包含安全生产风险和职业病危害风险，隐患均包含安全生产事故隐患和职业病危害隐患。

本书也可作为广大建筑业企业施工管理人员和政府建筑安全监管人员的学习用书，同时供相关大专院校和专业培训机构教学参考。本书虽经反复推敲，仍难免有不妥之处，恳请广大读者提出宝贵意见。

目 录

编写依据

本指南编制依据：

《安全生产风险分级管控体系通则》DB 37/T 2882—2016

《生产安全事故隐患排查治理体系通则》DB 37/T 2883—2016

《建筑施工企业安全生产风险分级管控体系细则》DB 37/T 3015—2017

《建筑施工企业生产安全事故隐患排查治理体系细则》DB 37/T 3014—2017

《用人单位职业病危害风险分级管控体系细则》DB 37/T 2973—2017

《用人单位职业病隐患排查治理体系细则》DB 37/T 3012—2017

《建筑施工企业安全生产风险分级管控体系实施指南》DB 37/T 3134—2018

《建筑施工企业生产安全事故隐患排查治理体系实施指南》DB 37/T 3135—2018

第一章

基本要求

第一节　组织机构建设

为加强建筑施工企业安全生产工作，贯彻落实双重预防体系建设工作要求，构建长效工作机制，建筑施工企业应结合本企业管理模式，建立健全双重预防体系组织机构，强化安全生产风险分级管控和隐患排查治理，防止和减少生产安全事故发生。

一、企业级

建筑施工企业应根据相关文件要求，结合企业实际，建立双重预防体系领导小组，由企业主要负责人任组长，生产负责人、安全负责人、技术负责人任副组长，成员由安全、技术、质量、设备、材料、人力资源、财务等部门负责人组成，并以正式文件下发。

建筑施工企业双重预防体系领导小组全面负责本企业双重预防体系的建设、运行工作。

二、项目级

项目部应根据工程项目实际，建立双重预防体系工作小组，由项目负责人任组长，生产负责人、安全负责人、技术负责人任副组长，成员由安全、技术、质量、材料、机械设备等管理人员组成。

项目部双重预防体系工作小组全面负责本工程项目双重预防体系的建设、运行工作。

第二节　岗位管理职责

建筑施工企业应根据《中华人民共和国安全生产法》《建设工程安全生产管理条例》有关要求，建立健全双重预防体系全员责任制，明确从主要负责人到作业人员（含劳务派遣人员、实习学生等）所有层级、各类岗位作业人员双重预防体系建立和运行责任。双重预防体系全员责任制应当覆盖本企业所有组织和岗位，并以正式文件（可与成立组织机构文件合并）下发。

一、企业级

建筑施工企业应明确主要负责人、生产负责人、安全负责人、技术负责人、安全部门负责人、技术部门负责人、质量部门负责人、材料部门负责人、设备部门负责人、人力资源部门负责人及其他部门负责人的双重预防体系管理职责。

二、项目级

项目部应明确项目负责人、生产负责人、安全负责人、技术负责人、安全员、技术员、质检员、材料员、机械员及其他管理人员的双重预防体系管理职责。

三、班组级

施工班组（以下均包含专业分包、劳务分包单位）应明确专业分包、劳务分包单位项目负责人、安全负责人、技术负责人、班组长及其他管理人员的双重预防体系管理职责。

四、作业人员级

应明确作业人员双重预防体系管理职责。

第二章
体系文件

第一节　实施方案

为深入推进双重预防体系建设工作，建筑施工企业应结合实际，制定实施方案，指导双重预防体系建设工作。

一、企业级

建筑施工企业应根据相关文件要求，结合企业实际，制定实施方案，并以正式文件下发。

双重预防体系实施方案应明确工作目标、组织机构及职责、工作任务、建设步骤、实施流程等相关要求。

二、项目级

工程项目开工前，项目部应根据工程实际制定双重预防体系实施方案，明确工作目标、组织机构及职责、工作任务、建设步骤、实施流程等相关要求。

项目部应结合工程项目实际，有针对性地编制施工班组及作业人员作业指导书，指导双重预防体系建设工作，包含目的、范围、依据、职责、管理流程、记录，并覆盖各作业岗位。

第二节　管理制度

建筑施工企业应建立健全双重预防体系管理制度，包含安全生产风险分级管控制度、隐患排查治理制度、职业卫生管理制度、教育培训制度、考核奖惩制度等，并以正式文件下发。

一、安全生产风险分级管控制度

为有效管控安全生产风险，强化源头管理，建筑施工企业应制定安全生产风险分级管控制度。制度内容应包含风险点确定、危险源辨识、风险评价、风险控制措施的制定与实施、风险分级管控、责任部门、工作方法、工作流程以及持续改进等方面，并符合企业实际。

二、隐患排查治理制度

为强化隐患排查治理工作，落实安全生产主体责任，建筑施工企业应制定隐患排查治理制度，逐步建立并实施从主要负责人到从业人员的事故隐患排查责任制。制度内容应包含隐患分级与分类、编制排查项目清单、制定排查计划、隐患排查、隐患治理、建档监控、资金专项使用、隐患报告和举报奖励、持续改进等方面，并符合企业实际。

三、职业卫生管理制度

建筑施工企业根据本企业实际和现场存在的主要职业病危害因素制定职业卫生管理制度，包含以下内容：

1. 职业病危害防治责任制；
2. 职业病危害警示与告知；
3. 职业病危害项目申报；
4. 职业病防治宣传教育培训；
5. 职业病防护设施维护检修；
6. 职业病防护用品管理；
7. 职业病危害监测及评价管理；
8. 建设项目职业卫生"三同时"管理；
9. 劳动者职业健康监护及其档案管理；
10. 职业病危害事故处置与报告；
11. 职业病危害应急救援与管理；
12. 岗位职业卫生操作规程；
13. 法律、法规、规章规定的其他职业病防治要求。

四、教育培训制度

为深入推进双重预防体系建设工作，提高全体员工安全生产管控能力，建筑施工企业应制定教育培训制度，明确工作目标、方式方法、培训学时、培训内容、参加人员、考核方式、相关奖惩等内容，并留存培训记录。

建筑施工企业应将双重预防体系教育培训纳入年度教育培训计划，分层次、分阶段组织全体员工进行培训。培训应包含风险类别、危险源辨识和风险评价方法、风险评价结果、风险管控措施、隐患排查清单、隐患排查要求、隐患治理及其验收等内容。

五、考核奖惩制度

为确保双重预防体系全面实施，构建长效工作机制，建筑施工企业应制定考核奖惩制度，或在安全生产奖惩管理制度中涵盖相关内容，明确考核奖惩的标准、频次、方式方法等。

双重预防体系考核工作应纳入本企业日常管理考核体系，考核结果与员工工资薪酬挂钩。

第三章

教育培训

第一节　教育培训计划

为提高员工风险管控能力和事故防范意识，扎实开展安全风险辨识和隐患排查，建筑施工企业应积极开展双重预防体系建设教育培训，制定各层级教育培训计划，明确培训时间、培训学时、培训内容、培训对象、培训资金等内容。

一、培训层级

企业级：应按照双重预防体系教育培训计划，由双重预防体系建设专业人员对各层级管理人员进行培训。

项目级：应按照企业教育培训计划对项目级管理人员进行培训。

班组及作业人员级：应按照项目部教育培训计划对班组及作业人员进行培训。

二、培训内容

各级培训应具有针对性，应包含岗位职责、风险点、危险源、可能导致事故后果、管控措施、风险级别及隐患排查等内容。

第二节　教育培训记录

双重预防体系教育培训应留存教育培训记录，包含教育培训花名册、教材或课件、影像及试卷等。

一、花名册

建筑施工企业各级教育培训应建立健全教育培训花名册，签字应真实有效。

二、教材或课件

建筑施工企业应组织专业人员按照双重预防体系建设要求，编写具有针对性的教材或课件，便于学习理解。

三、影像

建筑施工企业应及时留存双重预防体系教育培训相关影像资料。

四、试卷

建筑施工企业应根据教育培训对象及内容，及时组织各级教育培训考试，检验培训效果。

建筑施工企业双重预防体系培训应与日常安全管理培训结合，如三级安全教育培训、班前教育培训、季节性教育培训、特种作业人员教育培训、节假日教育培训、转岗教育培训等。

第四章

安全生产风险分级管控体系

第一节 风险点确定

为深入推进安全生产风险分级管控体系建设，建立健全风险管控清单，建筑施工企业应对工程项目施工全过程进行风险点划分、排查、确认。

一、风险点划分

风险点划分应遵循"大小适中、便于分类、功能独立、易于管理、范围清晰"的原则，分为作业活动风险点和设施、部位、场所、区域风险点。

1. 作业活动风险点划分

工程项目作业活动风险点，应涵盖施工全过程常规和非常规状态的作业活动。

（1）工程项目应包含地基与基础、主体结构、建筑装饰装修、建筑屋面、建筑给排水及供暖、建筑电气、智能建筑、通风与空调、电梯、建筑节能等分部工程所涉及的作业活动，参照附录一。

（2）工程项目应包含山东省工程建设标准《建筑工程施工工艺规程》DBJ 14-032-2004 分部分项工程涉及的钢筋工程、模板工程、混凝土工程、砌体工程、装饰装修工程、电气工程、给水排水及供暖工程典型作业活动以及其他作业活动等。

（3）工程项目应包含《建筑施工安全检查标准》JGJ 59 所涉及的操作及安拆工程，所涉及操作包含塔式起重机使用和施工升降机使用以及其他设备设施的使用等，所涉及安拆工程包含基坑支护工程、脚手架工程、塔式起重机安拆工程和施工升降机安拆工程以及其他设备设施的安拆工程等。

2. 设施、部位、场所、区域风险点划分

设施、部位、场所、区域风险点应包含《建筑施工安全检查标准》JGJ 59 及《建筑工程施工工艺规程》DBJ 14-032-2004 分部分项工程所涉及的设施、部位、场所、区域。

（1）《建筑施工安全检查标准》JGJ 59 所涉及的设施、部位、场所、区域，包含临时设施、脚手架、吊篮、模板支撑、高处作业防护设施、施工用电、物料提升机、施工升降机、塔式起重机、汽车式起重机、施工机具等。

（2）山东省工程建设标准《建筑工程施工工艺规程》DBJ 14-032-2004 所涉及的设施、部位、场所、区域，包含地基与基础、主体结构、建筑装饰装修、建筑屋面、建筑给水排水及供暖、建筑电气、智能建筑、通风与空调、电梯、建筑节能等分部工程。

二、风险点排查

1. 风险点排查应对施工全过程的内部、外部因素和作业导致的风险（包含职业病危害）进行排查，包含对办公区、生活区、作业区以及周边建筑物、构筑物、山体、水文、气象等可能导致事故风险的物理实体、作业环境、作业空间、作业行为、气象分析、管理情况等进行排查。

2. 建筑施工企业应组织各级技术、安全、质量、设备、材料等专业人员采取查阅档案资料、现场调研、座谈询问等方法，按照施工工艺流程的阶段、场所、设备、设施、作业活动等方面存在的安全生产风险进行全方位、全过程的排查。

三、风险点确认

建筑施工企业应建立各级风险点排查台账，汇总排查出的风险点名称、类型、风险点详细位置、诱发事故类型等信息，填写《风险点登记台账》，形成《作业活动清单》《设备设施清单》《职业病危害风险清单》，参照 JA-4-1-1、JA-4-2-1-1、JA-4-2-2-1、JA-4-2-3-1。

第二节　危险源辨识

建筑施工企业应采用相应的辨识方法，对存在的危险源进行辨识，并充分考虑不同状态和不同环境带来的影响。

一、辨识方法

建筑施工企业危险源辨识方法有工作危害分析法（JHA）、安全检查表法（SCL）、工程分析法。

1. 工作危害分析法（JHA）

作业活动应采用工作危害分析法进行辨识，将作业活动划分多个作业工序，辨识出每个作业工序中的危险源，并判断其在现有安全控制措施条件下可能导致的事故类型及其后果。若现有安全控制措施不能满足安全生产需要，应制定新的安全控制措施以保证安全生产；危险性仍然较大时，还应将其列为重点对象加强管控，必要时还应制定应急处置措施加以保障，从而将风险降低至可接受的水平。

2. 安全检查表法（SCL）

设施、部位、场所、区域应采用安全检查表法，通过检查表对设施、部位、场所、区域潜在危险性和有害性进行辨识检查，提出改进措施；安全检查表应列举查明的所有会导致事故的不安全因素，包含分类项目、检查内容及要求、检查以后处理意见等。

3. 工程分析法

职业病危害采用工程分析法进行辨识。工程分析法包含如下：

（1）原辅材料分析，对使用的原辅料、催化剂、助剂、产品、联产品、副产品、中间品等物质的名称、主要成分、形态、纯度、理化性质、年用量、运输方式、储存方式及投料方式等进行分析；

（2）总平面布置及竖向布置分析，对施工作业区的功能分区、装置道路的比邻关系、竖向布局等进行分析；

（3）生产工艺和设备布局分析，对施工工艺流程、工艺原理和施工设备的先进性及布局进行分析。

二、辨识范围

危险源辨识范围应覆盖风险点所有的作业活动和设施、部位、场所、区域，包含如下：

1. 常规和非常规作业活动；

2. 事故及潜在的紧急情况；

3. 所有进入作业场所的人员活动；

4. 材料、成品等的运输过程；

5. 作业场所的设施、设备、车辆、安全防护用品；

6. 人为因素，包含违反安全操作规程和安全生产规章制度；

7. 工艺、设备、管理、人员等变更；

8. 气候及环境影响等。

三、辨识实施

建筑施工企业应组织相关部门、班组、岗位人员针对作业活动清单、设备设施清单逐个进行危险源辨识、分析，应遵循以下内容：

1. 辨识过程的不安全因素

辨识过程须充分考虑四种不安全因素：人的因素、物的因素、环境因素、管理因素，充分考虑危险的根源和性质。

2. 辨识分析的因素

辨识应依次分析人的因素（主要是违章操作、违章指挥、不遵守有关规定等人的不安全行为）、物的因素（物的不安全状态）、环境因素（主要是室内作业场所环境不良、室外作业场地环境不良等）、管理因素。

3. 作业活动危险源辨识

运用工作危害分析法（JHA）对作业活动开展危险源辨识时，应结合《作业活动清单》，对《建筑施工安全检查标准》JGJ 59、山东省工程建设标准《建筑工程施工工艺规程》DBJ 14-032-2004 分部分项工程及其他所涉及的危险源进行辨识，参照 JA-4-3-1-1。

4. 设施、部位、场所、区域危险源辨识

运用安全检查表法（SCL）对设施、部位、场所、区域开展危险源辨识时，应结合《设备设施清单》，对《建筑施工安全检查标准》JGJ 59、《建筑工程施工工艺规程》DBJ 14-032-2004 分部分项工程及其他所涉及的危险源进行辨识，参照 JA-4-3-2-1。

5. 职业病危害辨识

运用工程分析法对职业病危害因素开展危险源辨识时，应结合《职业病危害风险清单》，对《建筑施工安全检查标准》JGJ 59、山东省工程建设标准《建筑工程施工工艺规程》DBJ 14-032-2004 分部分项工程及其他所涉及的职业病危害因素进行辨识，参照 JA-4-3-3-1。

四、可导致事故类型及后果

1. 危险源可能发生的事故类型及后果主要有坍塌、高处坠落、触电、物体打击、机械伤害、火灾、起重伤害、爆炸、车辆伤害、中毒和窒息、灼烫以及其他伤害。《作业活动清单》《设备设施清单》风险点及其他所涉及的危险源可能发生的事故类型及后果参照 JA-4-3-1-1、JA-4-3-2-1。

2. 职业病主要有职业性尘肺病及其他呼吸系统疾病、职业性皮肤病、职业性眼病、职业性耳鼻喉口腔疾病、职业性化学中毒、物理因素所致职业病、职业性放射性疾病、职业性传染病、职业性肿瘤、其他职业病等。《职业病危害风险清单》风险点及其他所涉及的危害因素可能导致的职业病或健康损害，参照 JA-4-3-3-1。

第三节　风险评价

建筑施工企业应采用相应的评价方法对作业场所或作业岗位存在的危险源进行风险评价，判定风险等级。

一、风险评价方法

风险评价方法包含作业条件危险性分析法（LEC）、作业岗位职业病危害风险分级法、直接判定法。其中作业条件危险性分析法和作业岗位职业病危害风险分级法参照附录二。

二、风险评价准则

建筑施工企业在对风险点和各类危险源进行风险评价时，应结合自身可接受风险实际，制定事故（事件）发生的可能性、频繁程度、损失后果、风险值的取值标准和评价级别，进行风险评价。

三、风险评价分级

1. 风险评价分级

根据风险危险程度，按照从高到低的原则，风险划分为重大风险（一级）、较大风险（二级）、一般风险（三级）、低风险（四级）等四个级别，分别用"红、橙、黄、蓝"四种颜色表示，参照 JA-4-3-1-1、JA-4-3-2-1、JA-4-3-3-1。

安全生产风险等级划分表

分数值	风险级别	风险颜色	危险程度
＞320	一级（重大风险）	红	极其危险
160～320	二级（较大风险）	橙	高度危险
70～160	三级（一般风险）	黄	显著危险
＜70	四级（低风险）	蓝	一般危险

作业岗位职业病危害风险等级划分表

分数值	风险级别	风险颜色	危险程度
$T > 32$	一级（重大风险）	红	极其危险
$8 < T \leqslant 32$	二级（较大风险）	橙	高度危险
$1 < T \leqslant 8$	三级（一般风险）	黄	显著危险
$T \leqslant 1$	四级（低风险）	蓝	一般危险

（1）一级风险，即重大风险，指施工现场作业条件或作业环境非常危险，施工现场危险源多且难以控制，如继续施工极易引发群死群伤事故，极有可能造成劳动者严重健康危害，或造成重大经济损失。

（2）二级风险，即较大风险，指施工现场生产条件或作业环境处于一种不安全状态，施工现场危险源较多且管控难度较大，如继续施工极易引发一般生产安全事故，很可能引起劳动者健康危害，或造成较大经济损失。

（3）三级风险，即一般风险，指施工现场风险基本可控，但依然存在导致生产安全事故的诱因，如继续施工可能会引发人员伤亡事故，可能对劳动者健康存在不良影响，或造成一定的经济损失。

（4）四级风险，即低风险，指施工现场风险基本可控，如继续施工对劳动者健康不会产生明显影响，可能会导致人员伤害，或造成一定经济损失。对于施工现场所存在的低风险，虽不需要增加另外的控制措施，但需要在工作中逐步加以改进。

2. 重大风险的直接判定

对有以下情形之一的，基于事故、职业病危害发生后果的严重性，无论评价级别为何级，可直接判定为重大风险。

（1）安全生产重大风险

1）违反法律、法规及国家标准、行业标准中强制性条款的均为重大风险；

2）发生过死亡、重伤、重大财产损失事故，且现在发生事故的条件依然存在的均为重大风险；

3）超过一定规模的危险性较大的分部分项工程均为重大风险；

4）具有中毒、爆炸、火灾、坍塌等危险的场所，作业人员在 10 人及以上的为重大风险。

（2）职业病危害重大风险

1）存在矽尘或石棉粉尘的作业岗位；

2）存在"致癌""致畸"等有害物质或者可能导致急性职业性中毒的作业岗位；

3）存在放射性危害的作业岗位。

建筑施工企业按照"从严从高""应判尽判"的原则确定重大风险，提高管控层级，做好重大风险统计，参照 JA-4-4-1。

3. 作业活动和设施、部位、场所、区域风险分级

（1）工程项目应结合工程所涉及的作业活动，对《建筑施工安全检查标准》JGJ 59、山东省工程建设标准《建筑工程施工工艺规程》DBJ 14-032-2004 分部分项工程及其他所涉及的风险点、危险源进行风险评价与分级，参照 JA-4-3-1-1。

（2）工程项目应结合工程所涉及的设施、部位、场所、区域，对《建筑施工安全检查标准》JGJ 59、山东省工程建设标准《建筑工程施工工艺规程》DBJ 14-032-2004 分部分项工程及其他所涉及的风险点、危险源进行风险评价与分级，参照 JA-4-3-2-1。

（3）工程项目应结合工程实际情况，对所涉及的职业病危害因素风险点进行风险评价与分级，参照 JA-4-3-3-1。

第四节　控制措施

为确保施工生产安全，建筑施工企业应根据风险评价等级，制定相应控制措施，并严格落实实施。

一、风险控制措施

风险控制措施包含工程技术措施、管理措施、培训教育措施、个体防护措施、应急处置措施。

1. 安全生产风险控制措施

（1）工程技术措施

工程技术措施是指作业、设备设施本身固有的控制措施，工程技术措施包含：

1）消除，通过合理地设计和科学地管理，尽可能从根本上消除危险、危害因素；如采用无害化工艺技术，生产中以无害物质代替有害物质、实现自动化作业、遥控技术，职工宿舍区集中供暖取代每间宿舍燃煤供暖，消除一氧化碳中毒等；

2）预防，当消除危险、危害因素有困难时，可采取预防性技术措施，预防危险、危害发生，如使用安全阀、安全屏护、漏电保护装置、安全电压、熔断器、起重量限制器、力矩限制器、起升高度限制器、防坠器等；

3）减弱，在无法消除危险、危害因素和难以预防的情况下，可采取减少危险、危害的措施，如设置局部通风排毒装置、生产中以低毒性物质代替高毒性物质、降温措施、避雷装置、消除静电装置、减振装置、消声装置、安全防护网等；

4）隔离，在无法消除、预防、减弱危险、危害的情况下，应将人员与危险、危害因素隔开和将不能共存的物质分开，如防护屏、隔离操作室、圆盘锯防护罩、隔离操作室、拆除脚手架设置隔离区、钢筋调直区域设置隔离、氧气瓶与乙炔瓶分开放置等；

5）连锁，当操作者失误或设备运行一旦达到危险状态时，应通过连锁装置终止危险、危害发生。如施工电梯围栏门机械连锁装置；

6）警告，在易发生故障和危险性较大的地方，配置醒目的安全色、安全标志，必要时，设置声、光或声光组合报警装置，如塔式起重机起重力矩设置声音报警装置。

（2）管理措施

管理措施包含制定安全管理制度、成立安全管理组织机构、制定安全技术操作规程、编制专项施工方案、组织专家论证、进行安全技术交底、对安全生产进行监控、进行安全检查、技术检测以及实施安全奖罚等。

（3）培训教育措施

培训教育措施包含员工入场三级培训、每年再培训、安全管理人员及特种作业人员继续教育、作业前安全技术交底、体验式安全教育及其他方面的培训。

（4）个体防护措施

个体防护措施包含安全帽、安全带、防护服、耳塞、听力防护罩、防护眼镜、防护手套、绝缘鞋、呼吸器等。

（5）应急处置措施

应急处置措施包含紧急情况分析、应急预案制定、现场处置方案制定、应急物资准备以及应急演练等。

2. 职业病危害风险控制措施

（1）工程技术措施

1）生产性粉尘工程控制措施：

采用密闭管道输送、密闭自动（机械）称量、密闭设备加工，防止粉尘外逸；

采用半密闭罩、隔离室等设施隔绝、减少粉尘的扩散；

降低物料落差、适当降低溜槽倾斜度、隔绝气流、减少诱导空气量和设置空间等；

增湿、喷雾、喷蒸汽等抑尘措施，减少物料在装卸、运输、破碎、筛分、混合和清扫等过程中粉尘的产生和扩散，加速作业场所漂尘的凝聚、降落；

消除二次扬尘，尽量减少积尘平面，地面、墙壁应平整光滑，墙角呈圆角，便于清扫；

负压清扫地面、墙壁、构件和设备上的粉尘；

水冲洗的方法清理地面、墙壁、顶棚和构件积尘；

局部通风除尘设施。在尘源处或其近旁设置吸尘罩，利用风机动力，将生产过程中产生的粉尘连同运载粉尘的气体吸入罩内，经风管送至除尘器净化后，再经风管排入大气。

2）化学毒物的工程控制措施：

全面通风换气排除有毒物质作业地点分散、流动的工作场所存在的有毒化学物；

局部通风排毒设施将发散源产生的有毒化学物吸入排毒罩，利用风机动力，将其经风管送至净化器净化后排入大气；

局部送风设施用于密闭空间作业，新鲜空气直接送到操作人员呼吸带；

存在毒物或酸碱等强腐蚀性物质的工作场所设冲洗设施，墙壁、顶棚和地面等应采用耐腐蚀、不吸收、不吸附毒物的材料。

3）噪声的工程控制措施：

选用低噪声设备、低噪声材料、低噪声工艺；

噪声较大的设备应尽量将噪声源与操作人员隔开；

工艺允许远距离控制的，可设置隔声操作（控制）室；

具有生产性噪声的场所和设备应尽量独立设置，远离其他非噪声作业场所、办公区和生活区；

对振幅、功率大的设备应设计减振基础，如可采取安装减振支架、减振垫层等；

高噪声设备工艺允许时设隔声罩；

高噪声场所设隔声操作室、值班室、休息室等隔声室，隔声室的顶棚、墙体、门窗均应符合隔声、吸声的要求；

产生噪声的风道、排气管设消声器；

阻尼材料减振。

4）高温的工程控制措施：

高温作业地点采用局部送风降温；

设置全面通风，通过合理组织通风气流降低工作环境的温度；

设置空调降低工作环境的温度；

合理安排作业时间。

5）电离辐射的工程控制措施：

时间防护；

距离防护；

屏蔽防护等。

（2）管理措施

1）岗位职业卫生操作规程；

2）职业卫生培训；

3）职业健康监护，包含职业健康检查和个人健康监护档案建立；

4）作业岗位的职业病危害因素定期检测及检测结果告知；

5）作业岗位职业病危害警示标识及告知。

（3）个体防护措施

1）呼吸防护用品，如防尘、防毒口罩、电动送风式全面罩、供气式（长管式）呼吸器、正压式空气呼吸器等；

2）眼面部防护用品，如防护眼镜、防护面罩等；

3）听觉器官防护用品，如耳塞、耳罩、防噪声帽盔等；

4）手部防护用品，如手套、套袖等；

5）足部防护用品，如防护鞋、护膝等；

6）躯干部防护用品，如防护服（防化服、防尘服、屏蔽服、防辐射服、保温服等）；

7）护肤用品，如护肤剂、护肤乳、护肤膏等。

（4）教育培训措施

教育培训措施包含员工入场三级培训、每年再培训、特种作业人员继续教育、作业前安全技术交底、职业病危害告知以及其他方面的培训。

（5）应急处置措施

1）报警装置，检测报警点和报警值设置应符合《工作场所有毒气体检测报警装置设置规范》GBZ/T 223—2009 的要求；

2）不断水的喷淋洗眼设施；

3）现场急救用品；

4）应急撤离通道；

5）风向标；

6）个人剂量检测设备；

7）事故通风装置以及与事故排风系统相连锁的泄漏报警装置；

8）应急救援组织机构和人员。

二、重大风险控制措施实施

重大风险（一级）在制定风险控制措施时，应尽可能地采取较高级的风险控制方法，增加管控措施并有效落实，将风险降低到可接受或可容许程度，相关过程应建立记录文件。

1. 需通过工程技术措施才能控制的风险，应制定控制目标及实施方案。

2. 属于经常性或周期性工作中的不可接受风险，不需要通过工程技术措施，但需要制定新的文件（程序或作业文件）或修订原来的文件，文件中应明确规定对该种风险的有效控制措施，并在实践中落实这些措施。

三、风险控制措施评审

在工程项目开工前或风险控制措施实施前，建筑施工企业各管理层级应组织人员针对以下内容进行评审，留存评审记录，参照 JA-4-5-1。

1. 措施的可行性和有效性；

2. 是否使风险降低至可接受风险；

3. 是否产生新的危险源（危险有害因素）、职业病危害因素；

4. 是否已选定最佳的解决方案。

四、控制措施实施

工程项目制定控制措施前，应评估现有控制措施的有效性，现有控制措施不足以控制该项风险的，应提出改进控制措施。

1. 作业活动

工程项目应结合实际情况，对《建筑施工安全检查标准》JGJ 59、山东省工程建设标准《建筑工程施工工艺规程》DBJ 14-032-2004 及其他所涉及的作业活动制定风险控制措施，参照 JA-4-6-1-1。

2. 设施、部位、场所、区域

工程项目应结合实际情况，对《建筑施工安全检查标准》JGJ 59、山东省工程建设标准《建筑工程施工工艺规程》DBJ 14-032-2004 及其他所涉及的设施、部位、场所、区域制定风险控制措施，参照 JA-4-6-2-1。

3. 职业病危害

工程项目应结合实际情况，对《建筑施工安全检查标准》JGJ 59、山东省工程建设标准《建筑工程施工工艺规程》DBJ 14-032-2004 及其他所涉及的职业病危害因素制定风险控制措施，参照 JA-4-6-3-1。

工程项目应依次按工程技术措施、管理措施、培训教育措施、个体防护措施、应急处置措施五个方面实施。

第五节　风险分级管控

建筑施工企业应根据风险管控原则，合理确定风险管控层级，落实管控责任。

一、风险分级管控要求

1. 风险管控分为四级：企业、项目部、施工班组（专业分包、劳务分包单位）、作业人员。

2. 风险分级管控，应遵循风险越高管控层级越高的原则，对于操作难度大、技术含量高、风险等级高、可能导致严重后果的作业活动应重点进行管控。上一级负责管控的风险，下一级必须同时负责管控，并逐级落实具体措施（例如企业管控的风险，项目部、施工班组、作业人员均应进行管控）。

管控层级可进行增加、合并或提级（当该等级风险不属于对应管控层级职能范围时，应当提级直至企业管控层级）。

风险分级管控层级

风险级别	危险程度	标识颜色	管控责任单位	责任人
一级风险	重大风险	红色	企业	主要负责人/部门
二级风险	较大风险	橙色	项目部	项目负责人
三级风险	一般风险	黄色	施工班组	班组长
四级风险	低风险	蓝色	作业人员	岗位员工

二、风险分级管控清单

风险分级管控清单包含作业活动风险分级管控清单、设备设施分级管控清单、职业病危害风险分级管控清单，清单应由企业组织相关部门、岗位人员按程序评审，并由企业主要负责人审定发布。

1. 作业活动风险分级管控清单

工程项目应在开工前，对风险进行辨识和评价，对《建筑施工安全检查标准》JGJ 59、山东省工程建设标准《建筑工程施工工艺规程》DBJ 14-032-2004及其他所涉及的作业活动编制风险分级管控清单，参照 JA-4-6-1-1，并随工程项目进度情况及时更新。

2. 设备设施分级管控清单

工程项目应在开工前，对风险进行辨识和评价，对《建筑施工安全检查标准》JGJ 59—2011、山东省工程建设标准《建筑工程施工工艺规程》DBJ 14-032-2004 及其他所涉及的设施、部位、场所、区域编制风险分级管控清单，参照 JA-4-6-2-1，并随工程项目进度情况及时更新。

3. 职业病危害风险分级管控清单

工程项目应在开工前，对职业病危害因素进行辨识和评价，对《建筑施工安全检查标准》JGJ 59、山东省工程建设标准《建筑工程施工工艺规程》DBJ 14-032-2004 及其他所涉及的职业病危害编制风险分级管控清单，参照 JA-4-6-3-1，并随工程项目进度情况及时更新。

第六节　安全生产风险告知

建筑施工企业根据风险分级管控要求，在施工现场采用安全生产风险公示牌、安全生产风险标识牌、职业病危害风险告知牌、岗位安全生产风险告知卡、安全警示标志、安全技术交底和安全信息技术等形式进行安全风险告知。

一、安全生产风险公示牌

项目部应对本工程项目一级风险／危险源（含职业病危害风险）进行公示，在施工现场大门两侧或人员出入口处设置公示牌，注明风险点、危险源、风险级别、可能出现的后果、控制措施、管控层级和责任人等内容，参照 JA-4-7-1。

二、安全生产风险标识牌

项目部应对本工程项目一、二级风险／危险源进行告知，在一、二级风险／危险源的施工部位设置标识牌，注明风险点、危险源、风险级别、可能出现的后果、控制措施、管控层级和责任人等内容。标识牌应根据危险源风险级别对应的颜色，分色标示，参照 JA-4-7-2。

三、职业病危害风险告知牌

项目部应对本工程项目职业病危害风险进行告知，在职业病危害风险的施工部位设置告知牌，注明风险点、职业病危害因素、风险级别、职业病类型、控制措施、管控层级和责任人等内容。告知牌应根据职业病危害风险级别对应的颜色，分色标示，参照 JA-4-7-3。

四、岗位安全生产风险告知卡

项目部宜按照工程项目作业人员岗位，设置岗位安全生产风险告知卡，注明风险点、危险源、风险级别、可能出现的后果、控制措施、管控层级和责任人等内容，参照 JA-4-7-4。

五、安全警示标志

项目部应在施工现场入口处、施工起重机械、临时用电设施、脚手架、出入通道口、楼梯口、电梯井口、孔洞口、桥梁口、隧道口、基坑边沿、爆破物及有害危险气体和液体存放处等存在安全风险和职业病危害风险的工作场所和岗位设置安全警示标志。安全警示标志必须符合《安全标志及其使用导则》GB 2894—2008 的规定。

六、安全技术交底

项目部应根据分部分项工程进度进行安全技术交底，包含风险点、危险源、风险级别、可能出现的后果、控制措施、管控层级和责任人等内容，参照 JA-4-8-1、JA-4-8-2、JA-4-8-3。

七、安全信息技术

项目部宜利用二维码、安全监控系统等安全信息技术管控安全风险，如在施工升降机、塔式起重机操作室等部位设置二维码，二维码包含风险点、危险源的管控内容。

第五章

隐患排查治理体系

第一节　隐患分级与分类

为加强隐患排查治理，建筑施工企业应做好隐患分级与分类工作，及时消除隐患。

一、隐患分级

根据隐患整改、治理和排除的难度及其可能导致事故后果和影响范围，隐患（含职业病危害隐患）分为一般事故隐患和重大事故隐患。

1. 一般事故隐患

一般事故隐患，是指危害和整改难度较小，发现后能够立即整改排除的隐患。

2. 重大事故隐患

重大事故隐患，指危害和整改难度较大，无法立即整改排除，需要全部或者局部停产停业，并经过一定时间整改治理方能排除的隐患，或者因外部因素影响致使生产经营单位自身难以排除的隐患。

以下情况可直接判定为重大事故隐患：

（1）安全生产事故隐患

1）未取得施工许可证进行施工的，或超越企业资质等级进行施工的；

2）涉及重大危险源的；

3）危险性较大的分部分项工程安全管理规定（住房和城乡建设部第37号令）中超过一定规模危险性较大的分部分项工程，专项施工方案未按规定审核、审批并组织专家论证，不严格按照方案组织施工的；

4）超过一定规模危险性较大的分部分项工程未经验收合格投入使用的；

5）超过一定规模的基坑支护结构不符合设计要求或支护结构水平位移达到设计报警值未采取有效控制措施的；

6）起重机械未安装相应的安全装置、限位装置和保护装置或不符合规范要求的；

7）附着式脚手架防坠落装置技术性能不符合规范要求的；

8）采用国家明令淘汰的、禁止使用施工工艺的、不符合国家现行标准的或超过规定使用年限经评估不合格的塔式起重机、施工升降机及物料提升机等机械设备的；

9）具有中毒、爆炸、火灾、坍塌等危险的场所，且长期滞留人员在 10 人以上作业，存在不能立刻排除整改的隐患的；

10）违反法律、法规有关规定，整改时间长或可能造成较严重危害的；

11）危害程度和整改难度较大，一定时间得不到整改的；

12）因外部因素影响致使生产经营单位自身难以排除的；

13）设区的市级以上负有安全监管职责部门认定的。

（2）职业病危害隐患

1）粉尘和化学物作业分级为重度危害作业岗位的超标原因；

2）噪声和高温作业分级为极度危害作业岗位的超标原因；

3）放射工作人员的年受照剂量 > 10mSv 且 ≤ 20mSv 时；

4）职业卫生教育培训、职业病危害申报、建设项目职业病防护设施"三同时"、职业健康监护和职业病危害因素定期检测等基础管理类隐患；

5）总体布局和设备布局不合理；

6）职业病危害防护设施不符合或者无效；

7）事故通风、围堰等应急救援设施不符合或者无效。

二、隐患分类

隐患分为基础管理类隐患和生产现场类隐患，包含以下方面存在的问题或缺陷：

1. 基础管理类隐患

（1）安全生产事故隐患

1）生产经营单位资质证照；

2）安全生产管理机构及人员；

3）安全生产责任制；

4）安全生产管理制度；

5）教育培训；

6）安全生产管理档案；

7）安全生产投入；

8）应急管理；

9）相关方安全管理；

10）基础管理其他方面。

（2）职业病危害隐患

1）职业卫生管理机构设置；

2）管理人员配备；

3）职业卫生管理制度制定及执行；

4）职业病危害因素检测；

5）职业健康监护；

6）建设项目职业病防护设施"三同时"；

7）职业病危害项目申报；

8）职业病危害应急预案及演练；

9）职业卫生档案管理。

2. 生产现场类隐患

（1）安全生产事故隐患

1）设备设施；

2）场所环境；

3）从业人员操作行为；

4）消防及应急设施；

5）供配电设施；

6）职业卫生防护设施；

7）辅助动力系统；

8）现场其他方面。

（2）职业病危害隐患

1）总体布局和设备布局；

2）职业病危害防护设施及其维护；

3）个体防护用品配备及管理；

4）急救援设施和用品及其维护；

5）职业病危害警示标识设置。

第二节　隐患排查内容

建筑施工企业各管理层级应制定隐患排查清单，包含基础管理类隐患排查清单及生产现场类隐患排查清单。

一、基本要求

1. 应依据确定的各类风险点的全部控制措施和基础安全管理要求，编制安全生产隐患排查项目清单。

2. 应依据确定的风险点的风险控制措施和职业卫生基础管理要求，编制职业病危害隐患排查项目清单。

3. 隐患排查清单应包含但不限于排查项目、排查内容与排查标准、排查方法、排查周期、组织级别及责任单位等要素。

二、基础管理类隐患排查清单

1. 一般要求

应依据基础管理相关内容要求，逐项编制排查清单，包含基础管理名称、排查内容、排查标准、排查方法。

2. 主要内容

（1）法律、法规、规范中安全管理要求的内容。

（2）企业资质、安全生产许可证、工程项目安全报监书、施工许可证、工程承包合同以及劳动合同等内容。

（3）《建筑施工安全检查标准》JGJ 59—2011 第 3.1 条"安全管理"包含的内容。

按照排查项目、排查内容、排查标准、排查类型和排查周期逐级排查，参照 JA-5-1-1-1。

三、生产现场类隐患排查清单

1. 一般要求

以各类风险点为基本单元，依据风险分级管控体系中各风险点的控制措施和标准、规程要求，编制该排查单元的排查清单，包含与风险点对应的作业活动及设施、部位、场所、区域名称、排查内容、排查标准、排查方法。

2. 主要内容

（1）涉及全部作业活动及设施、部位、场所、区域所包含的危险源管控措施的内容，主要体现在施工现场人的因素、物的因素和环境因素等方面。

（2）排查内容为风险分级管控清单中工程技术措施、管理措施、培训教育措施、个体防护措施、应急处置措施等各类管控措施。排查方法由企业、项目部根据排查类型和排查周期确定。

（3）风险分级管控清单中管控措施对应的隐患排查清单参照JA-5-1-2-1。

第三节　隐患排查计划

为加强安全风险管控，认真排查风险管控过程中出现的缺失、漏洞和风险控制失效环节，建筑施工企业应根据本企业实际制定隐患排查计划。

一、排查计划

建筑施工企业应编制年度、季度或月度隐患排查计划；项目部应结合施工工期编制隐患总排查计划及季度、月度隐患排查计划；施工班组应结合作业内容编制隐患排查计划。排查计划应包含排查目的、排查人员、排查范围、排查周期、排查要求等内容。

二、排查人员

建筑施工企业隐患排查治理由双重预防体系领导小组负责；项目部隐患排查治理由双重预防体系工作小组负责；施工班组隐患排查治理由专业分包、劳务分包单位负责人、生产负责人、安全负责人、技术负责人、施工班组长、作业人员等负责。

三、排查范围

建筑施工企业应根据本企业实际，按照工程项目地域、风险管控重点等确定隐患排查范围；项目部应根据本工程项目实际，按照施工总承包范围、风险管控重点等确定隐患排查范围；施工班组应根据作业内容，按照风险管控重点等确定隐患排查范围。

四、排查周期

建筑施工企业应根据法律、法规要求，结合企业自身组织架构、管理特点，确定日常、综合、专项、季节、事故类比、复工等隐患排查类型的周期。隐患排查周期可根据安全形势的变化、上级主管部门的要求等情况，增加隐患排查的频次。

（1）日常隐患排查周期根据风险分级管控相关内容和各企业实际情况确定；

（2）综合性隐患排查应由企业级至少每季度组织一次；项目部至少每周组织一次；

（3）专项隐患排查应由专业技术人员或相关部门至少每半年组织一次；

（4）季节性隐患排查应根据季节性特点及本单位的生产实际，至少每季度开展一次；

（5）重大活动及节假日前隐患排查应在重大活动及节假日前进行一次隐患排查；

（6）事故类比隐患排查应在同类企业或项目发生伤亡及险情等事故后，及时进行事故类比隐患排查；

（7）复工前隐患排查应在准备复工前进行一次隐患排查。

五、排查要求

隐患排查应全面覆盖、责任到人，定人、定时间、定措施落实隐患整改，按照规定组织验收。

六、排查类型

隐患排查类型主要有综合性隐患排查、专项隐患排查、季节性隐患排查、日常隐患排查、重大活动及节假日前隐患排查、复工前隐患排查、事故类比隐患排查。

第四节　隐患排查实施

建筑施工企业、项目部、施工班组、作业人员应按照隐患排查计划，及时组织开展隐患排查，严格按照隐患排查内容，做好隐患排查实施。

建筑施工企业和项目部主要排查工程项目隐患治理情况、工程项目定期隐患排查情况、施工班组定期隐患排查情况、隐患排查资料归档情况（隐患排查表、排查记录、隐患登记表等）及其他上级规定应排查的内容。

施工班组和作业人员主要排查隐患治理情况、隐患排查资料归档情况（隐患排查表、排查记录、隐患登记表等）、作业岗位隐患排查情况及其他上级规定应排查的内容。

建筑施工企业、项目部、施工班组、作业人员结合基础管理类隐患排查清单、生产现场类隐患排查清单以及《建筑施工安全检查标准》JGJ 59—2011 相关检查表进行隐患排查，参照 JA-5-2-1、JA-5-2-2。

第五节　隐患治理

建筑施工企业根据隐患排查情况，结合隐患治理要求，及时组织隐患治理。

一、隐患治理要求

1. 隐患治理实行分级治理、分类实施的原则。主要包括岗位纠正、班组治理、项目部治理、部门治理、建筑施工企业治理等。

2. 隐患治理应做到整改措施、责任、资金、时限和预案"五到位"。能立即整改的隐患必须立即整改，无法立即整改的隐患，治理前要研究制定防范措施，落实监控责任。

3. 隐患排除前或者排除过程中无法保证安全的，应当从危险区域内撤出作业人员，并疏散可能危及的其他人员，设置警戒标志，暂时停产停业或者停止使用相关设施、设备；对暂时难以停产或者停止使用后极易引发生产安全事故的相关设施、设备，应当加强维护保养和监测监控，防止事故发生。

4. 对于因自然灾害可能引发事故灾难的隐患，建筑施工企业、项目部应当按照有关法律、法规、规章、标准、规程的要求进行排查治理，采取可靠的预防措施，制定应急预案。在接到有关自然灾害预报时，应当及时发出预警通知；发生自然灾害可能危及生产场所和人员安全的情况时，应当采取停止作业、撤离人员、加强监测等安全措施，并及时向当地人民政府及其有关部门报告。

二、隐患治理流程

1. 隐患治理流程包含通报隐患信息、下发隐患整改通知、实施隐患治理、治理情况反馈、验收等环节。

2. 隐患排查结束后，应将隐患情况（隐患名称、存在位置、不符合状况、隐患等级、治理期限及治理措施要求）向下一级进行反馈，可以通过召开会议、图片讲解、公示牌等形式通报公示，公示牌参照 JA-5-3-1，让从业人员掌握隐患信息。

3. 建筑施工企业、项目部在隐患排查中发现隐患，应向隐患存在单位下发隐患整改通知书（隐患整改责任、措施建议、完成期限），隐患排查单位和隐患存在单位的负责人应在隐患整改通知书上签字确认，隐患整改通知书参照 JA-5-4-1。

4. 隐患存在单位在接到隐患整改通知书后，立即组织相关人员针对隐患进行分析，制定可靠的隐患治理措施，并组织人员进行治理。

5. 隐患存在单位在隐患治理结束后，应向隐患排查单位提交书面的隐患整改报告，参照 JA-5-5-1，隐患整改报告应根据隐患整改通知单的内容，逐条将隐患整改情况进行回复。

6. 隐患排查单位在接到隐患整改报告书后，应组织相关人员对隐患整改效果进行验收，并在隐患整改报告上对复查情况进行记录确认，对未消除的隐患应要求继续整改。

三、一般事故隐患治理

一般事故隐患，根据隐患治理的分级，由项目部、施工班组、作业人员负责落实整改。能够立即整改的隐患应立即组织整改，整改情况要安排专人进行确认；难以立即排除的应根据隐患整改通知单的要求，及时进行分析，制定整改措施并限期整改。

四、重大事故隐患治理

1. 建筑施工企业应及时对重大事故隐患组织评估，编制隐患评估报告书，参照 JA-5-6-1，包含隐患的类别、影响范围和风险程度以及对隐患的监控措施、治理方式、治理期限的建议等内容。

2. 根据评估报告书制定重大事故隐患治理方案，治理方案应当包含治理的目标和任务、采取的方法和措施、经费和物资的落实、负责治理的机构和人员、治理的时限和要求、安全措施和应急预案。

3. 重大事故隐患由建筑施工企业组织人员按照重大事故隐患治理方案实施。

4. 隐患排除前或者排除过程中无法保证安全的，应当从危险区域内撤出作业人员，并疏散可能危及的其他人员，设置警戒标志，暂时停工或停止使用；对暂时难以停工或停止使用的相关设施设备、作业活动，应当制定可靠的措施，并落实相应的责任人和整改完成时间。

5. 上级政府部门和有关部门挂牌督办并责令全部或者局部停工治理的重大隐患，治理工作结束后，建筑施工企业组织相关技术人员和专家对重大隐患的治理情况进行评估。

6. 经治理后符合安全生产条件的，建筑施工企业向安全生产监督管理部门和有关部门提交《重大隐患整改销号审批表》，参照 JA-5-7-1，申请复工；经现场审查合格的，对隐患进行销号后方可复工。

五、隐患治理验收

1. 一般事故隐患治理验收

一般事故隐患整改完成后，隐患存在单位应向隐患整改通知单签发单位提交隐患整改报告，隐患整改报告应包含隐患整改责任人、采取主要措施、整改效果和完成时间，必要时应附影像资料。

隐患整改通知单签发单位应在接到隐患整改报告后，及时安排人员对其整改效果复查。隐患整改完成后，项目部、施工班组安全管理人员进行一般事故隐患整改效果验证，并将验证整改情况记录在《隐患排查治理台账》，参照 JA-5-8-1。

2. 重大事故隐患治理验收

（1）重大事故隐患整改完成后，隐患存在单位应向隐患整改通知单签发单位提交隐患整改报告，隐患整改报告应包含隐患整改责任人、采取主要措施、整改效果和完成时间，应附影像资料。

（2）建筑施工企业在重大事故隐患整改完成后，组织相关部门、人员进行验收，验收合格后进行签字确认，并将整改情况记录在《重大事故隐患排查治理台账》，参照 JA-5-9-1。对政府督办的重大事故隐患，按照有关规定执行。

第六章

持续改进

第一节　管理评审

为确保双重预防体系的适宜性、充分性和有效性，建筑施工企业应定期组织开展双重预防体系管理评审工作，参照 JA-6-1。

一、安全生产风险分级管控体系评审

1. 建筑施工企业应定期组织各部门进行危险源辨识、风险评价工作，并应对风险管控情况进行管理评审，并及时改进。

2. 项目部应在开工前和竣工后验收前各组织一次评审。

二、事故隐患排查治理体系评审

1. 建筑施工企业应定期组织各部门进行事故隐患排查、治理、措施等评审，当经营范围和条件发生更新时应及时进行评审。

2. 项目部应在开工前和竣工后验收前各组织一次评审。

第二节　持续更新

为确保双重预防体系正常运行，建筑施工企业应建立有效的持续改进机制，使其具有适宜性、充分性和有效性。

一、安全生产风险分级管控体系

当出现以下情况时，建筑施工企业应对风险管控的影响，及时针对变化范围开展风险分析，及时更新风险信息：

1. 企业安全管理目标、要求发生变化时；

2. 法规、标准等增减、修订变化所引起风险程度的改变；

3. 发生事故后，有对事故、事件或其他信息的新认识，对相关危险源的再

评价；

4. 组织机构发生重大调整；

5. 补充新辨识出的危险源评价；

6. 风险程度变化后，需要对风险控制措施的调整；

7. 已有的管控措施出现失效时。

建筑施工企业应重点针对工艺、设备、人员等重大变更，适时、及时开展危险源辨识、风险评价，更新风险信息与风险管控措施，编制、更新风险管控清单。

二、隐患排查治理体系

当出现以下情况时，企业和项目部应及时对事故隐患排查治理体系进行更新：

1. 企业、项目安全管理要求发生变化时；

2. 企业或项目的施工管理发生较大变化（增加新设备、采用新材料、新技术、新工艺等）；

3. 施工环境、施工工艺发生变化；

4. 有关的法律法规和政府规范性文件要求发生变化时；

5. 重大安全隐患范围之外的突发重大事故事件、紧急情况或应急事件，或者应急演练结果反馈需要。

建筑施工企业应重点针对风险管控措施的变化情况或法律法规的变化及时更新隐患排查清单，并按清单编制排查表，及时实施隐患排查。

第三节　交流沟通

建筑施工企业应建立不同职能和层级间的内部沟通和用于与相关方的外部风险管控及隐患排查治理沟通机制，及时有效传递风险和排查治理信息，树立内外部风险管控信心，提高风险管控及隐患排查治理效果和效率。重大风险信息更新后应及时组织相关人员进行培训；重大隐患排查治理信息更新后应公示或公布并及时组织相关人员进行培训。

第七章

信息化管理

第一节　信息系统应用

为加强双重预防体系日常监管，建筑施工企业应运用信息化技术，实现信息互联互通，强化安全生产风险管控和事故隐患排查治理工作。

1. 建筑施工企业双重预防体系建设应实现信息化管理，企业基本信息、组织机构及人员、设备设施清单、作业活动清单、管理制度、体系文件等信息应完整、真实、有效。

2. 信息系统中，风险分析、评价记录和事故隐患排查记录完整。

3. 信息系统中，风险分级管控清单和事故隐患排查治理台账真实有效。

4. 建筑施工企业自有信息系统应与省、市安全生产监管部门信息平台实现信息互联互通。

第二节　信息系统操作手册

建筑施工企业信息系统录入工作应参照以下操作手册：

1. 山东省风险分级管控信息系统用户手册 V1.3

2. 山东省隐患排查治理信息系统用户手册 V1.3

3. 信息资源库用户手册（组织机构、人员注册激活分册）V1.11

第八章

文件管理

第一节　基本要求

建筑施工企业应重视双重预防体系资料的管理，规范资料收集、整理、审核和归档等工作。

1. 建筑施工企业、项目部应建立文件和档案的管理制度，明确责任部门、责任人员、流程、形式、权限及各类档案的保存要求等，保证时效性、真实性和完整性。

2. 双重预防体系文件管理分纸质和电子资料，资料字迹、图像、声音、影像等信息应清晰有效，签字、盖章、日期等内容应齐全，电子资料应保证原始性、安全性和持续可读性。

第二节　分类建档

建筑施工企业、项目部应完整保存体现双重预防体系建设过程的记录资料，并分类建档管理，参照附录三。

涉及重大事故隐患时，其排查、评估记录，隐患整改复查验收记录等，应单独建档管理。

建筑施工企业、项目部应建立健全双重预防体系"一企一册"和"一项目一册"，安全风险因素变化后，应及时评估，不断补充完善"一企一册"和"一项目一册"，形成动态化管理。

附录一：

分部工程、分项工程划分

（一）建筑工程的分部工程、分项工程划分

序号	分部工程	子分部工程	分项工程
1	地基与基础	地基	素土、灰土地基，砂和砂石地基，土工合成材料地基，粉煤灰地基，强夯地基，注浆地基，预压地基，砂石桩复合地基，高压旋喷注浆地基，水泥土搅拌桩地基，土和灰土挤密桩复合地基，水泥粉煤灰碎石桩复合地基，夯实水泥土桩复合地基
		基础	无筋扩展基础，钢筋混凝土扩展基础，筏形与箱形基础，钢结构基础，钢管混凝土结构基础，型钢混凝土结构基础，钢筋混凝土预制桩基础，泥浆护壁成孔灌注桩基础，干作业成孔桩基础，长螺旋钻孔压灌桩基础，沉管灌注桩基础，钢桩基础，锚杆静压桩基础，岩石锚杆基础，沉井与沉箱基础
		基坑支护	灌注桩排桩围护墙，板桩围护墙，咬合桩围护墙，型钢水泥土搅拌墙，土钉墙，地下连续墙，水泥土重力式挡墙，复合土钉墙，内支撑，锚杆，与主体结构相结合的基坑支护
		地下水控制	降水与排水，回灌
		土方	土方开挖，土方回填，场地平整
		边坡	喷锚支护，挡土墙，边坡开挖
		地下防水	主体结构防水，细部构造防水，特殊施工法结构防水，排水，注浆
2	主体结构	混凝土结构	模板，钢筋，混凝土，预应力、现浇结构，装配式结构
		砌体结构	砖砌体，混凝土小型空心砌块砌体、石砌体，配筋砖砌体，填充墙砌体
		钢结构	钢结构焊接，紧固件连接，钢零部件加工，钢构件组装与预拼装，单层钢结构安装多层及高层钢结构安装，预应力钢索和膜结构，压型金属板，防腐涂料涂装，防火涂料涂装
		钢管混凝土结构	构件现场拼装，构件安装，钢管焊接，构件连接，钢管内钢筋骨架，混凝土
		型钢混凝土结构	型钢焊接，紧固件连接，型钢与钢筋连接，型钢构件组装与预拼装，型钢安装，模板，混凝土
		铝合金结构	铝合金焊接，紧固件连接，铝合金零部件加工，铝合金构件组装，铝合金构件预拼装，铝合金框架结构安装，铝合金空间网格结构安装，铝合金面板，铝合金幕墙结构安装，防腐处理
		木结构	方木和原木结构，胶合木结构，轻型木结构，木结构防护

续表

序号	分部工程	子分部工程	分项工程
3	建筑装饰装修	建筑地面	基层铺设，整体面层铺设，板块面层铺设，木、竹面层铺设
		抹灰	一般抹灰，保温层薄抹灰，装饰抹灰，清水砌体勾缝
		外墙防水	外墙砂浆防水，涂膜防水，透气膜防水
		门窗	木门窗安装，金属门窗安装，塑料门窗安装，特种门安装，门窗玻璃安装
		吊顶	整体面层吊顶，板块面层吊顶，格栅吊顶
		轻质隔墙	板材隔墙，骨架隔墙，活动隔墙，玻璃隔墙
		饰面板	石板安装，陶瓷板安装，木板安装，金属板安装，塑料板安装
		饰面砖	外墙饰面砖粘贴，内墙饰面砖粘贴
		幕墙	玻璃幕墙安装，金属幕墙安装，石材幕墙安装，陶板幕墙安装
		涂饰	水性涂料涂饰，溶剂型涂料涂饰，美术涂饰
		裱糊与软包	裱糊，软包
		细部	橱柜制作与安装，窗帘盒和窗台板制作与安装，门窗套制作与安装，护栏和扶手制作与安装，花饰制作与安装
4	建筑屋面	基层与保护	找坡层和找平层，隔汽层，隔离层，保护层
		保温与隔热	板状材料保温层，纤维材料保温层，喷涂硬泡聚氨酯保温层，现浇泡沫混凝土保温层，种植隔热层，架空隔热层，蓄水隔热层
		防水与密封	卷材防水层，涂膜防水层，复合防水层，接缝密封防水
		瓦面与板面	烧结瓦和混凝土瓦铺装，沥青瓦铺装，金属板铺装，玻璃采光顶铺装
		细部构造	檐口，檐沟和天沟，女儿墙和山墙，水落口，变形缝，伸出屋面管道，屋面出入口，反梁过水孔，设施基座，屋脊，屋顶窗
5	建筑给水排水及供暖	室内给水系统	给水管道及配件安装，给水设备安装，室内消火栓系统安装，消防喷淋系统安装，防腐，绝热，管道冲洗、消毒，试验与调试
		室内排水系统	排水管道及配件安装，雨水管道及配件安装，防腐，试验与调试
		室内热水系统	管道及配件安装，辅助设备安装，防腐，绝热，试验与调试
		卫生器具	卫生器具安装，卫生器具给水配件安装，卫生器具排水管道安装，试验与调试
		室内供暖系统	管道及配件安装，辅助设备安装，散热器安装，低温热水地板辐射供暖系统安装，电加热供暖系统安装，燃气红外辐射供暖系统安装，热风供暖系统安装，热计量及调控装置安装，试验与调试，防腐，绝热
		室外给水管网	给水管道安装，室外消火栓系统安装，试验与调试
		室外排水管网	排水管道安装，排水管沟与井池，试验与调试
		室外供热管网	管道及配件安装，系统水压试验，系统调试，防腐，绝热，试验与调试
		建筑饮用水供应系统	管道及配件安装，水处理设备及控制设施安装，防腐，绝热，试验与调试

序号	分部工程	子分部工程	分项工程
5	建筑给水排水及供暖	建筑中水系统及雨水利用系统	建筑中水系统，雨水利用系统管道及配件安装，水处理设备及控制设施安装，防腐，绝热，试验与调试
		游泳池、公共浴池水系统	管道及配件系统安装，水处理设备及控制设施安装，防腐，绝热，试验与调试
		水景喷泉系统	管道系统及配件安装，防腐，绝热，试验与调试
		热源及辅助设备	锅炉安装，辅助设备及管道安装，安全附件安装，换热站安装，防腐，绝热，试验与调试
		检测与控制仪表	检测仪器及仪表安装，试验与调试
6	通风与空调	送风系统	风管与配件制作，部件制作，风管系统安装，风机与空气处理设备安装，风管与设备防腐，旋流风口、岗位送风口、织物（布）风管安装，系统调试
		排风系统	风管与配件制作，部件制作，风管系统安装，风机与空气处理设备安装，风管与设备防腐，吸风罩及其他空气处理设备安装，厨房、卫生间排风系统安装，系统调试
		防排烟系统	风管与配件制作，部件制作，风管系统安装，风机与空气处理设备安装，风管与设备防腐，排烟风阀（口）、常闭正压风口、防火风管安装，系统调试
		除尘系统	风管与配件制作，部件制作，风管系统安装，风机与空气处理设备安装，风管与设备防腐，除尘器与排污设备安装，吸尘罩安装，高温风管绝热，系统调试
		舒适性空调系统	风管与配件制作，部件制作，风管系统安装，风机与空气处理设备安装，风管与设备防腐，组合式空调机组安装，消声器、静电除尘器、换热器、紫外线灭菌器等设备安装，风机盘管、变风量与定风量送风装置、射流喷口等末端设备安装，风管与设备绝热，系统调试
		恒温恒湿空调系统	风管与配件制作，部件制作，风管系统安装，风机与空气处理设备安装，风管与设备防腐，组合式空调机组安装，电加热器、加湿器等设备安装，精密空调机组安装，风管与设备绝热，系统调试
		净化空调系统	风管与配件制作，部件制作，风管系统安装，风机与空气处理设备安装，风管与设备防腐，净化空调机组安装，消声器、静电除尘器、换热器、紫外线灭菌器等设备安装，中、高效过滤器及风机过滤器单元等末端设备清洗与安装，洁净度测试，风管与设备绝热，系统调试
		地下人防通风系统	风管与配件制作，部件制作，风管系统安装，风机与空气处理设备安装，风管与设备防腐，风机与空气处理设备安装，过滤吸收器、防爆波活门、防爆超压排气活门等专用设备安装，系统调试
		真空吸尘系统	风管与配件制作，部件制作，风管系统安装，风机与空气处理设备安装，风管与设备防腐，管道安装，快速接口安装，风机与滤尘设备安装，系统压力试验及调试
		冷凝水系统	管道系统及部件安装，水泵及附属设备安装，管道冲洗，管道、设备防腐，板式热交换器，辐射板及辐射供热，供冷地埋管，热泵机组设备安装，管道、设备绝热，系统压力试验及调试

续表

序号	分部工程	子分部工程	分项工程
6	通风与空调	空调（冷、热）水系统	管道系统及部件安装，水泵及附属设备安装，管道冲洗，管道、设备防腐，冷却塔与水处理设备安装，防冻伴热设备安装，管道、设备绝热，系统压力试验及调试
		冷却水系统	管道系统及部件安装，水泵及附属设备安装，管道冲洗，管道、设备防腐，系统灌水渗漏及排放试验，管道、设备绝热
		土壤源热泵换热系统	管道系统及部件安装，水泵及附属设备安装，管道冲洗，管道、设备防腐，埋地换热系统与管网安装，管道、设备绝热，系统压力试验及调试
		水源热泵换热系统	管道系统及部件安装，水泵及附属设备安装，管道冲洗，管道、设备防腐，系统压力试验及调试，地表水源换热管及管网安装，除垢设备安装，管道、设备绝热，系统压力试验及调试
		蓄能系统	管道系统及部件安装，水泵及附属设备安装，管道冲洗，管道、设备防腐，蓄水罐与蓄冰槽、罐安装，管道、设备绝热，系统压力试验及调试
		压缩式制冷（热）设备系统	制冷机组及附属设备安装，管道、设备防腐，制冷剂管道及部件安装，制冷剂灌注，管道、设备绝热，系统压力试验及调试
		吸收式制冷设备系统	制冷机组及附属设备安装，管道、设备防腐，系统真空试验，溴化锂溶液加灌，蒸汽管道系统安装，燃气或燃油设备安装，管道、设备绝热，试验与调试
		多联机（热泵）系统	室外机组安装，室内机组安装，制冷剂管路连接及控制开关安装，风管安装，冷凝水管道安装，制冷剂灌注，系统压力试验及调试
		太阳能供暖空调系统	太阳能集热器安装，其他辅助能源、换热设备安装，蓄热水箱、管道及配件安装，防腐，绝热，低温热水地板辐射采暖系统安装，系统压力试验及调试
		设备自控系统	温度、压力与流量传感器安装，执行机构安装调试，防排烟系统功能测试，自动控制及系统智能控制软件调试
7	建筑电气	室外电气	变压器、箱式变电所安装，成套配电柜、控制柜（屏、台）和动力、照明配电箱（盘）安装，母线槽安装，梯架、支架、托盘和槽盒安装，电缆敷设，电缆头制作、导线连接和线路绝缘测试，接地装置安装，普通灯具安装，专用灯具安装，建筑照明通电试运行，接地装置安装
		变配电室	变压器、箱式变电所安装，成套配电柜、控制柜（屏、台）和动力、照明配电箱（盘）安装，母线槽安装，梯架、支架、托盘和槽盒安装，电缆敷设，电缆头制作、导线连接和线路绝缘测试，接地装置安装，接地干线敷设
		供电干线	电气设备试验和试运行，母线槽安装，梯架、支架、托盘和槽盒安装，导管敷设，电缆敷设，管内穿线和槽盒内敷线，电缆头制作，导线连接，线路绝缘测试，接地干线敷设
		电气动力	成套配电柜、控制柜（屏、台）和动力配电箱（盘）安装，电动机、电加热器及电动执行机构检查接线，电气设备试验和试运行，梯架、支架、托盘和槽盒安装，导管敷设，电缆敷设，管内穿线和槽盒内敷线，电缆头制作、导线连接和线路绝缘测试

续表

序号	分部工程	子分部工程	分项工程
7	建筑电气	电气照明	成套配电柜、控制柜（屏、台）和照明配电箱（盘）安装，梯架、支架、托盘和槽盒安装，导管敷设，管内穿线和槽盒内敷线，塑料护套线直敷布线，钢索配线，电缆头制作、导线连接和线路绝缘测试，普通灯具安装，专用灯具安装，开关、插座、风扇安装，建筑照明通电试运行
		备用和不间断电源	成套配电柜、控制柜（屏、台）和动力照明配电箱（盘）安装，柴油发电机组安装，不间断电源装置及应急电源装置安装，母线槽安装，导管敷设，电缆敷设，管内穿线和槽盒内敷线，电缆头制作、导线连接和线路绝缘测试，接地装置安装
		防雷与接地	接地装置安装，防雷引下线及接闪器安装，建筑物等电位连接，浪涌保护器安装
8	智能建筑	智能化集成系统	设备安装，软件安装，接口及系统调试，试运行
		信息接入系统	安装场地检查
		用户电话交换系统	线缆敷设，设备安装，软件安装，接口及系统调试，试运行
		信息网络系统	计算机网络设备安装，计算机网络软件安装，网络安全设备安装，网络安全软件安装，系统调试，试运行
		综合布线系统	梯架、托盘、槽盒和导管安装，线缆敷设，机柜、机架、配线架安装，信息插座安装，链路或信道测试，软件安装，系统调试，试运行
		移动通信室内信号覆盖系统	安装场地检查
		卫星通信系统	安装场地检查
		有线、卫星电视接收系统	梯架、托盘、槽盒和导管安装，线缆敷设，设备安装，软件安装，系统调试，试运行
		公共广播系统	梯架、托盘、槽盒和导管安装，线缆敷设，设备安装，软件安装，系统调试，试运行
		会议系统	梯架、托盘、槽盒和导管安装，线缆敷设，设备安装，软件安装，系统调试，试运行
		信息导引及发布系统	梯架、托盘、槽盒和导管安装，线缆敷设，显示设备安装，机房设备安装，软件安装，系统调试，试运行
		时钟系统	梯架、托盘、槽盒和导管安装，线缆敷设，设备安装，软件安装，系统调试，试运行
		信息化应用系统	梯架、托盘、槽盒和导管安装，线缆敷设，设备安装，软件安装，系统调试，试运行
		建筑设备监控系统	梯架、托盘、槽盒和导管安装，线缆敷设，传感器安装，执行器安装，控制器、箱安装，中央管理工作站和操作分站设备安装，软件安装，系统调试，试运行
		火灾自动报警系统	梯架、托盘、槽盒和导管安装，线缆敷设，探测器类设备安装，控制器类设备安装，其他设备安装，软件安装，系统调试，试运行

续表

序号	分部工程	子分部工程	分项工程
8	智能建筑	安全技术防范系统	梯架、托盘、槽盒和导管安装，线缆敷设，设备安装，软件安装，系统调试，试运行
		应急响应系统	设备安装，软件安装，系统调试，试运行
		机房	供配电系统，防雷与接地系统，空气调节系统，给水排水系统，综合布线系统，监控与安全防范系统，消防系统，室内装饰装修，电磁屏蔽，系统调试，试运行
		防雷与接地	接地装置，接地线，等电位联接，屏蔽设施，电涌保护器，线缆敷设，系统调试，试运行
9	建筑节能	围护系统节能	墙体节能，幕墙节能，门窗节能，屋面节能，地面节能
		供暖空调设备、管网节能	供暖节能，通风与空调设备节能，空调与供暖系统冷热源节能，空调与供暖系统管网节能
		电气动力节能	配电节能，照明节能
		监控系统节能	检测系统节能，控制系统节能
		可再生资源	地源热泵系统节能，太阳能光热系统节能，太阳能光伏节能
10	电梯	电力驱动的拽引式或强制式电梯	设备进场验收，土建交接检验，驱动主机，导轨，门系统，轿厢，对重，安全部件，悬挂装置，随行电缆，补偿装置，电气装置，整机安装验收
		液压电梯	设备进场验收，土建交接检验，液压系统，导轨，门系统，轿厢，对重，安全部件，悬挂装置，随行电缆，电气装置，整机安装验收
		自动扶梯、自动人行道	设备进场验收，土建交接检验，整机安装验收

（二）室外工程的划分

单位工程	子单位工程	分部工程
室外设施	道路	路基，基层，面层，广场与停车场，人行道，人行地道，挡土墙，附属构筑物
	边坡	土石方，挡土墙，支护
附属建筑及室外环境	附属建筑	车棚，围墙，大门，挡土墙
	室外环境	建筑小品，亭台，水景，连廊，花坛，场坪绿化，景观桥

附录二：

风险评价方法

1. 作业条件危险性分析法（LEC）

建筑施工企业可选择作业条件危险性分析法（LEC）对风险进行定性、定量评价。给三种因素的不同等级分别确定不同的分值，再以三个分值的乘积 D（危险性）来评价作业条件危险性的大小。

即：
$$D = L \times E \times C$$

D——危险源带来的风险值，值越大，说明该作业活动危险性大、风险大；

L——发生事故的可能性大小；

E——人员暴露在这种危险环境中的频繁程度；

C——一旦发生事故会造成的损失后果。

评价时，L、E、C 的取值应建立在建筑施工企业现有控制措施的基础上，并遵循从严从高的原则。

事故发生可能性（L）分值表

分数值	事故发生的可能性
10	完全可以预料
6	相当可能；或危害的发生不能被发现（没有监测系统）；或在现场没有采取防范、监测、保护、控制措施，或危害的发生不能被发现（没有监测系统），或在正常情况下经常发生此类事故或事件或偏差
3	可能但不经常；或危害的发生不容易被发现，现场没有监测系统，也未发生过任何监测，或在现场有控制措施，但未有效执行或控制措施不当，或危害常发生或在预期情况下发生
1	可能性小，完全意外；或没有保护措施（如没有保护装置、没有个人防护用品等），或未严格按操作程序执行，或危害的发生容易被发现（现场有监测系统），或曾经做过监测，或过去曾经发生类似事故或事件，或在异常情况下类似事故或事件
0.5	很不可能，可以设想；或危害一旦发生能及时发现，并定期进行监测
0.2	极不可能，或现场有充分有效的防范、控制、监控、保护措施，并能有效执行，或员工安全卫生意识相当高，严格执行操作规程
0.1	实际不可能

暴露于危险环境的频繁程度（E）分值表

分数值	暴露于危险环境中的频繁程度
10	连续暴露
6	每天工作时间内暴露
3	每周一次或偶然暴露
2	每月一次暴露
1	每年几次暴露
0.5	非常罕见地暴露

发生事故产生的后果（C）分值表

分数值	发生事故产生的后果	
	人员伤亡	直接经济损失（万元）
100	2~3人死亡，或4~9人重伤	300~1000
40	1人死亡，或2~3人重伤	100~300
15	1人重伤	20~100
7	伤残	5~20
3	轻伤	1~5
1	无伤亡	≤1

2. 作业岗位职业病危害风险分级法

作业岗位职业病危害风险按下式计算：

$$T=\sum_{i=1}^{n}C_i \times P \times M \times S$$

式中：

T——风险值；

n——职业病危害因素类别序号，$i \sim n$ 对应的取值（$1 \sim n$）；

C_i——各类职业病危害作业级别的权重数；

M——职业病危害防控措施权重数；

S——职业病或职业健康损伤发生结果的权重数；

P——各作业岗位劳动定员的权重数。

职业病危害作业级别权重数 C_i 取值表

权重数 (C_i)	化学物作业等级 (G)	粉尘作业等级 (G)	噪声作业等级 (G)	高温作业等级 (G)	电离辐射作业等级 (G)
1	相对无害	相对无害	轻度危害	轻度危害	轻度危害
2	轻度危害	轻度危害	中度危害	中度危害	中度危害
4	中度危害	中度危害	重度危害	重度危害	重度危害
8	重度危害	重度危害	极度危害	极度危害	极度危害

作业岗位劳动定员权重数 P 取值表

劳动定员（人）	权重数 (P)
≤4	1
5～8	2
9～12	3
13～16	4
＞16	5

职业病危害防控措施权重数 M 取值表

防控措施	权重数 (M)
工程技术、个体防护和管理措施完善	1.0
个体防护或管理措施缺失	1.5
工程技术措施部分缺失	2.0
工程技术措施全部缺失	2.5
全部防控措施缺失	3.0

职业病或职业健康损伤的发生结果权重数 S 取值表

职业病或职业健康损伤发生结果	权重数 (S)
无职业病或职业健康损伤	0.5
有职业健康损伤发生	1.0
有2例以下慢性职业病发生	2.0
有急性职业病发生或3例以上慢性职业病发生	4.0
职业病导致死亡	8.0

双重预防体系管理资料

施工单位：_____

工程名称：_____

日　　期：_____

双重预防体系管理资料文件目录

序号	归档文件名称	归档时间	备注

双重预防体系管理资料　　　　　　　　　　　　　　　　　　　JA-1

基本要求

施工单位：_____

工程名称：_____

日　　期：_____

双重预防体系管理资料 **JA-1-1**

组织机构建设

施工单位：_____

工程名称：_____

日　　期：_____

双重预防体系管理资料　　　　　　　　　　　　JA-1-2

岗位管理职责

施工单位：＿＿＿＿＿＿＿＿＿＿＿＿＿＿＿＿＿＿＿

工程名称：＿＿＿＿＿＿＿＿＿＿＿＿＿＿＿＿＿＿＿

日　　期：＿＿＿＿＿＿＿＿＿＿＿＿＿＿＿＿＿＿＿

双重预防体系管理资料   **JA-2**

体系文件

施工单位：_____

工程名称：_____

日　　期：_____

双重预防体系管理资料　　　　　　　　　　　JA-2-1

实施方案

施工单位： _____

工程名称： _____

日　　期： _____

双重预防体系管理资料	JA-2-2

管理制度

施工单位：＿＿＿＿＿＿＿＿＿＿＿＿＿＿＿＿

工程名称：＿＿＿＿＿＿＿＿＿＿＿＿＿＿＿＿

日　　期：＿＿＿＿＿＿＿＿＿＿＿＿＿＿＿＿

双重预防体系管理资料

JA-3

教育培训

施工单位：_____

工程名称：_____

日　　期：_____

| 双重预防体系管理资料 | JA-3-1 |

教育培训计划

施工单位：＿＿＿＿＿＿＿＿＿＿＿＿＿＿＿＿

工程名称：＿＿＿＿＿＿＿＿＿＿＿＿＿＿＿＿

日　　期：＿＿＿＿＿＿＿＿＿＿＿＿＿＿＿＿

双重预防体系管理资料　　　　　　　　　　JA-3-2

教育培训记录

施工单位：_____

工程名称：_____

日　　期：_____

双重预防体系管理资料   **JA-4**

安全生产风险分级管控体系

施工单位：_____

工程名称：_____

日　　期：_____

　　　　　　　　　　　　　　　　JA-4-1

风险点登记台账

施工单位：＿＿＿＿＿＿＿＿＿＿＿＿＿＿＿＿

工程名称：＿＿＿＿＿＿＿＿＿＿＿＿＿＿＿＿

日　　期：＿＿＿＿＿＿＿＿＿＿＿＿＿＿＿＿

风险点登记台账

JA-4-1-1

单位：

编号：

序号	风险点名称	类型（作业活动/设备设施）	可能导致的主要事故类型	区域位置	所属单位/部门	备注

填表人：　　　　　　　审核人：　　　　　　　审核日期：　　年　月　日

注：此表是初步划分风险点时的记录表格。可能导致事故类型：参照《企业职工伤亡事故分类》GB 6441 填写，且包含职业病危害风险点。

双重预防体系管理资料　　　　　　　　　　　　　　　JA-4-2

风险点划分

施工单位：＿＿＿＿＿＿＿＿＿＿＿＿＿＿＿＿＿

工程名称：＿＿＿＿＿＿＿＿＿＿＿＿＿＿＿＿＿

日　　期：＿＿＿＿＿＿＿＿＿＿＿＿＿＿＿＿＿

| 双重预防体系管理资料 | JA-4-2-1 |

作业活动清单

施工单位：＿＿＿＿＿＿＿＿＿＿＿＿＿＿＿＿＿＿＿

工程名称：＿＿＿＿＿＿＿＿＿＿＿＿＿＿＿＿＿＿＿

日　　期：＿＿＿＿＿＿＿＿＿＿＿＿＿＿＿＿＿＿＿

作业活动清单　　　　　　　　JA-4-2-1-1

单位：　　　　　　　　　　　　　　　　　　　　　　　编号：

序号	分部分项工程名称	作业活动名称	作业活动内容	岗位/地点	活动频率	备注

填表人：　　填表日期：　年　月　日　审核人：　　审核日期：　年　月　日

| 双重预防体系管理资料 | JA-4-2-2 |

设备设施清单

施工单位：＿＿＿＿＿＿＿＿＿＿＿＿＿＿

工程名称：＿＿＿＿＿＿＿＿＿＿＿＿＿＿

日　　期：＿＿＿＿＿＿＿＿＿＿＿＿＿＿

设备设施清单 JA-4-2-2-1

单位： 编号：

序号	设备设施	设备设施名称	类别	型号	位号/所在部位	是否特种设备	备注

填表人： 填表日期： 年 月 日 审核人： 审核日期： 年 月 日

| 双重预防体系管理资料 | JA-4-2-3 |

职业病危害风险清单

施工单位：＿＿＿＿＿＿＿＿＿＿＿＿＿＿＿＿＿＿

工程名称：＿＿＿＿＿＿＿＿＿＿＿＿＿＿＿＿＿＿

日　　期：＿＿＿＿＿＿＿＿＿＿＿＿＿＿＿＿＿＿

职业病危害风险清单 JA-4-2-3-1

单位：　　　　　　　　　　　　　　　　　编号：

序号	分部分项工程名称	职业病危害风险点	作业内容	类别（作业活动/设备设施）	作业区域	备注

填表人：　　填表日期：　　年　月　日　　审核人：　　审核日期：　　年　月　日

双重预防体系管理资料   JA-4-3

风险评价记录

施工单位：_____

工程名称：_____

日　　期：_____

双重预防体系管理资料

JA-4-3-1

工作危害分析（JHA）＋评价记录
（作业活动）

施工单位：＿＿＿＿＿＿＿＿＿＿＿＿＿＿＿＿

工程名称：＿＿＿＿＿＿＿＿＿＿＿＿＿＿＿＿

日　　期：＿＿＿＿＿＿＿＿＿＿＿＿＿＿＿＿

工作危害分析（JHA）＋评价记录（作业活动）

JA-4-3-1-1

单位：　　　　　岗位：　　　　　分部分项工程：　　　　　编号：

序号	作业步骤	危险源或潜在事件（人、物、作业环境、管理）	可能发生的事故类型及后果	现有控制措施					风险评价						建议改进（新增）措施					备注
				工程技术	管理措施	培训教育	个体防护	应急处置	可能性 L	严重性 C	暴露频次 E	风险值 D	评价级别	风险管控分级层级	工程技术	管理措施	培训措施	个体防护措施	应急处置	

分析人：　　　　　审核人：　　　　　审定人：

日期：　年　月　日　　　日期：　年　月　日　　　日期：　年　月　日

注：1. 分析人为岗位人员，审核人为所在岗位/工序负责人，审定人为上级负责人。2. 评价级别是指运用风险评价方法，确定的风险等级。3. 风险分级分为重大风险、较大风险、一般风险和低风险，分别用"红、橙、黄、蓝"标识。

双重预防体系管理资料　　　　　　　　　　　　　JA-4-3-2

安全检查表分析（SCL）＋评价记录
（设备设施）

施工单位：＿＿＿＿＿＿＿＿＿＿＿＿＿＿＿＿＿＿

工程名称：＿＿＿＿＿＿＿＿＿＿＿＿＿＿＿＿＿＿

日　　期：＿＿＿＿＿＿＿＿＿＿＿＿＿＿＿＿＿＿

安全检查表分析（SCL）+评价记录（设备设施）

JA-4-3-2-1

单位：　　　　　岗位：　　　　　设备设施：　　　　　编号：

序号	检查项目	标准	不符合标准情况及后果	现有控制措施					风险评价					风险分级	管控层级	建议改进（新增）措施					备注
				工程技术措施	管理措施	培训教育措施	个体防护措施	应急处置措施	可能性	严重性	频次	风险值	评价级别			工程技术措施	管理措施	培训教育措施	个体防护措施	应急处置措施	
									L	C	E	D									

分析人：　　　　日期：　　年　月　日　　审核人：　　　　日期：　　年　月　日　　审定人：　　　　日期：　　年　月　日

注：1. 分析人为岗位人员，审核人为所在岗位/工序负责人，审定人为上级负责人。2. 评价级别是指运用风险评价方法，确定的风险等级。3. 风险分级分为重大风险、较大风险、一般风险和低风险，分别用"红、橙、黄、蓝"标识。

双重预防体系管理资料　　　　　　　　　　　JA-4-3-3

职业病危害分析＋评价记录
（职业病危害）

施工单位：＿＿＿＿＿＿＿＿＿＿＿＿＿＿＿＿＿＿＿

工程名称：＿＿＿＿＿＿＿＿＿＿＿＿＿＿＿＿＿＿＿

日　　期：＿＿＿＿＿＿＿＿＿＿＿＿＿＿＿＿＿＿＿

职业病危害分析＋评价记录（职业病危害）

JA-4-3-1

单位： 岗位： 编号：

序号	作业活动	作业步骤	职业病危害因素	可能导致职业病或健康损害	现有控制措施					风险评价										建议改进（新增）措施					备注
					工程技术措施	管理措施	培训教育	个体防护	应急处置	作业人员级别	防控措施	严重性	风险值 c_i	p	m	s	T	评价级别	风险分级	管控层级	工程技术措施	管理措施	培训措施	个体防护措施	应急处置	

分析人： 审核人： 审定人：

日期： 年 月 日 日期： 年 月 日 日期： 年 月 日

注：1. 分析人为岗位人员，审核人为所在岗位/工序负责人，审定人为上级负责人。2. 评价级别是指运用风险评价方法，确定的风险等级。3. 根据作业岗位职业病危害风险分级结果，将风险分为重大风险、较大风险、一般风险、低风险四个级别，分别以"红、橙、黄、蓝"色标注。

双重预防体系管理资料 | JA-4-4

重大风险统计表

施工单位：_____

工程名称：_____

日　　期：_____

重大风险统计表

JA-4-4-1

单位：　　　　　　　　　　　　　　　　　　　　　　　　编号：

序号	名称	类型（作业活动／设备设施）	区域位置	可能发生的事故类型、后果及职业病危害	现有主要风险控制措施	管控层级	责任单位	责任人	备注（评价／直判）

日期：　　　　年　　月　　日

注：重大风险统计应包含职业病危害风险。

双重预防体系管理资料　　　　　　　JA-4-5

风险控制措施评审记录

施工单位：＿＿＿＿＿＿＿＿＿＿＿＿＿＿＿＿＿

工程名称：＿＿＿＿＿＿＿＿＿＿＿＿＿＿＿＿＿

日　　期：＿＿＿＿＿＿＿＿＿＿＿＿＿＿＿＿＿

风险控制措施评审记录

JA-4-5-1

评审单位：　　　　　　　　评审人员：　　　　　　　　评审负责人：　　　　　　　　评审日期：　　　　　　　　　年　月　日

序号	风险名称	类型（作业活动/设备设施）	可能发生的事故类型、后果及职业病危害	风险分级	主要风险控制措施	是否降到可接受风险	是否产生新危险源	是否最佳解决方案	是否可行性和有效性	是否改进控制措施	是否应用于实际工作中	评审结论	改进（增加）主要风险控制措施

注：风险控制措施评审应包含职业病危害风险。

双重预防体系管理资料

JA-4-6

风险分级管控清单

施工单位：＿＿＿＿＿＿＿＿＿＿＿＿＿＿＿＿＿＿

工程名称：＿＿＿＿＿＿＿＿＿＿＿＿＿＿＿＿＿＿

日　　期：＿＿＿＿＿＿＿＿＿＿＿＿＿＿＿＿＿＿

双重预防体系管理资料   **JA-4-6-1**

作业活动风险分级管控清单

施工单位：_____

工程名称：_____

日　　期：_____

作业活动风险分级管控清单

JA-4-6-1-1

单位：　　　　　　　　　　　　　　　　　　　　　　　　　　　　　　　　　　　编号：

| 风险点 | | 作业步骤 | | 危险源或潜在事件 | 评价级别 I~IV | 风险分级 | 可能发生的事故类型及后果 | 控制措施 | | | | | 管控层级 | 责任单位 | 责任人 | 备注 |
编号	类型	名称	序号	名称				工程技术措施	管理措施	培训教育措施	个体防护措施	应急处置措施				

双重预防体系管理资料　　　　　　　　　JA-4-6-2

设备设施风险分级管控清单

施工单位：_____

工程名称：_____

日　　期：_____

设备设施风险分级管控清单

JA-4-6-2-1

编号：

单位：

风险点			标准	评价级别 I-IV	风险分级	不符合标准情况及后果	控制措施					管控层级	责任单位	责任人	备注
检查项目							工程技术措施	管理措施	培训教育措施	个体防护措施	应急处置措施				
编号	类型名称	名称序号													

| 双重预防体系管理资料 | JA-4-6-3 |

职业病危害分级管控清单

施工单位：＿＿＿＿＿＿＿＿＿＿＿＿＿＿＿＿＿＿

工程名称：＿＿＿＿＿＿＿＿＿＿＿＿＿＿＿＿＿＿

日　　期：＿＿＿＿＿＿＿＿＿＿＿＿＿＿＿＿＿＿

职业病危害分级管控清单

JA-4-6-3-1

单位：　　　　　　　　　　　　　　　　　　　　　　　　　　　　　　　　　　　编号：

风险点		作业内容		职业病危害因素	评价级别 I～IV	风险分级	可导致的职业病或健康损害	控制措施					管控层级	责任单位	责任人	备注
编号	名称	序号	名称					工程技术措施	管理措施	培训教育措施	个体防护措施	应急处置措施				

双重预防体系管理资料　　　　　　　　　　　　　　　JA-4-7

安全生产风险告知

施工单位：_____

工程名称：_____

日　　期：_____

安全生产风险公示牌

JA-4-7-1

公示单位：　　　　　　　　施工单位：　　　　　　　　监理单位：　　　　　　　　公示日期：　　　年　月　日

序号	风险点	危险源	风险级别	可能出现的后果	控制措施	应急处置措施	管控层级	责任人／联系电话	备注

火警：119　　急救：120　　报警：110　　现场应急电话：　　　　　　　　负责人：

注： 1. 公示牌应采用坚固、耐久并具有防雨防潮功能的材料制作。 2. 尺寸宜为 2.4m（长）×1.2m（高）或 1m（高），底边距地不低于 1.2m，高度应适合作业人员阅读。 3. 公示牌尺寸、内容可根据工作实际调整。

安全生产风险标识牌　　　　JA-4-7-2

风险点						
作业名称			区域位置			
风险描述	危险源或潜在事件		事故类型	风险分级	风险级别	管控层级	责任人/联系电话
安全标志	说明：多个标志在一起设置时，应按禁止、警告、指令、提示类型的顺序，先左后右、先上后下排列					
控制措施			应急措施			
火警：119　急救：120　报警：110　现场应急电话：　　　　负责人：						

注：1. 标识牌应采用坚固、耐久并具有防雨防潮功能的材料制作。2. 尺寸宜为0.9m 或 0.6m（高）×0.6m 或 0.4m（宽），高度应适合作业人员阅读。3. 公示牌尺寸、内容可根据工作实际调整。4. 标识牌一、二级风险必须设置，风险级别应分色标示。5. 安全标志执行《安全标志及其使用导则》GB 2894—2008。

职业病危害风险告知牌　JA-4-7-3

风险点						
作业名称		区域位置				
职业病危害风险描述	职业病危害因素	职业病类型	风险分级	风险级别	管控层级	责任人/联系电话

有毒物品，对人体有害，请注意防护/作业环境对人体有害，请注意防护（此栏可为红色）

警示标识	《工作场所职业病危害警示标识》	应急处理
		防护措施
		（文字或图形）

急救：120　报警：110　现场应急电话：　　负责人：　　职业卫生咨询电话：

注：1. 告知牌应采用坚固、耐久并具有防雨防潮功能的材料制作。2. 尺寸宜为0.9m 或 0.6m（高）×0.6m 或 0.4m（宽），高度应适合作业人员阅读。3. 告知牌尺寸、内容可根据工作实际调整。4. 风险级别应分色标示 5. 警示标识执行《工作场所职业病危害警示标识》GBZ 158—2003。

岗位安全生产风险告知卡   JA-4-7-4

岗位名称			
风险点		危险源或潜在事件	
可能出现的后果			
风险分级		风险级别	
管控层级		责任人／联系电话	
配备劳动防护用品			
控制措施		应急措施	

火警：119　急救：120　报警：110　现场应急电话：　　　　负责人：

注：1. 告知卡应采用耐用耐折材料制作或压膜。2. 尺寸宜为 120mm 或 90mm（高）×80mm 或 60mm（宽）。3. 告知卡尺寸、内容可根据工作实际调整。4. 告知卡应按工作岗位别分别设置，风险级别应分色标示。

双重预防体系管理资料　　　　　　　　　　　　　JA-4-8

安全技术交底

施工单位：＿＿＿＿＿＿＿＿＿＿＿＿＿＿＿＿

工程名称：＿＿＿＿＿＿＿＿＿＿＿＿＿＿＿＿

日　　期：＿＿＿＿＿＿＿＿＿＿＿＿＿＿＿＿

安全技术交底　　　　　　JA-4-8-1

单位工程 名　称		施工单位		日期	
施工部位		施工内容			
安全技术交底内容					
总承包单位 有关技术 人员签名			总承包单位 专职安全生产 管理人员签名		
分包单位 工程项目 相关技术 人员签名					

注：本表一式两份。

安全技术交底 JA-4-8-2

单位工程 名　　称		施工单位		日期	
施工部位		施工内容			
安 全 技 术 交 底 内 容					
分包单位 工程项目 相关技术 人员签名			分包单位 专职安全生产 管理人员签名		
施工作业 班组长签名					

注：本表一式两份。

安全技术交底　　　　　　　　JA-4-8-3

单位工程 名　称		施工单位		日期	
施工部位		施工内容			
安 全 技 术 交 底 内 容					
施工作业 班组长签名		分包单位 专职安全生产 管理人员签名			
作业人员 签名					

注：本表一式两份。

双重预防体系管理资料　　　　　　　　　　　　　　JA-5

隐患排查治理体系

施工单位：＿＿＿＿＿＿＿＿＿＿＿＿＿＿＿＿＿＿

工程名称：＿＿＿＿＿＿＿＿＿＿＿＿＿＿＿＿＿＿

日　　期：＿＿＿＿＿＿＿＿＿＿＿＿＿＿＿＿＿＿

| 双重预防体系管理资料 | JA-5-1 |

隐患排查清单

施工单位：＿＿＿＿＿＿＿＿＿＿＿＿＿＿＿

工程名称：＿＿＿＿＿＿＿＿＿＿＿＿＿＿＿

日　　期：＿＿＿＿＿＿＿＿＿＿＿＿＿＿＿

双重预防体系管理资料　JA-5-1-1

基础管理类隐患排查清单

施工单位：_____

工程名称：_____

日　　期：_____

基础管理类隐患排查清单

JA-5-1-1-1

序号	排查项目	排查内容与排查标准	专项检查	综合性检查	
			每半年／企业	每月／企业	每周／项目部

注：此表适用于安全生产隐患和职业病危害隐患基础管理类隐患排查。

日期：　　年　月　日

双重预防体系管理资料　　　　　　　　　　　　　　　　　　**JA-5-1-2**

生产现场类隐患排查清单

施工单位：_____

工程名称：_____

日　　期：_____

生产现场类隐患排查清单

JA-5-1-2-1

风险点				排查内容与排查标准				日常检查		专项检查	综合性检查	
编号	类型	名称	等级	责任单位	作业步骤		危险源或潜在事件	班中巡检	班中交接班			
					序号	名称	管控措施	每天/班组	每天/作业人员	每半年/企业	每周/项目部	每月/企业

注：此表适用于安全生产隐患和职业病危害隐患生产现场类隐患排查。

日期：　　年　　月　　日

双重预防体系管理资料　　　　　　　　　　JA-5-2

隐患排查表

施工单位：＿＿＿＿＿＿＿＿＿＿＿＿＿＿＿＿＿

工程名称：＿＿＿＿＿＿＿＿＿＿＿＿＿＿＿＿＿

日　　期：＿＿＿＿＿＿＿＿＿＿＿＿＿＿＿＿＿

————（季／月／周）隐患排查表

JA-5-2-1

排查主体：　　　排查类型：　　　排查人：　　　排查日期：　　　年 月 日

序号	排查项目	排查范围	危险源或潜在事件	管控措施落实情况排查		排查周期 □季 □月 □周	备注
					管控措施落实：√ 未落实：×		

注：1. 排查主体应依照排查周期分别进行隐患排查，对排查出的不符合项应及时出具隐患通知书。2. 管控措施含工程技术措施、管理措施、培训教育措施、个体防护措施、应急处置措施。3. 事故隐患排查可分为生产现场类隐患排查和基础管理类隐患排查，两类隐患排查可同时进行。

——（日）隐患排查表　　　　JA-5-2-2

排查主体：　　　　排查类型：　　　　排查人：　　　　排查日期：　　　年　月　日

序号	排查项目	排查范围	危险源或潜在事件	管控措施落实情况排查	排查周期　□日 管控措施落实：√　未落实：×							备注
					周一	周二	周三	周四	周五	周六	周日	

注：1. 排查主体应按照排查周期分别进行隐患排查，对排查出的不符合项应及时出具隐患通知书。2. 管控措施含工程技术措施、管理措施、培训教育措施、个体防护措施、应急处置措施。3. 事故隐患排查可分为生产现场类隐患排查和基础管理类隐患排查，两类隐患排查可同时进行。

双重预防体系管理资料	JA-5-3

隐患排查治理公示

施工单位：＿＿＿＿＿＿＿＿＿＿＿＿＿＿＿＿＿

工程名称：＿＿＿＿＿＿＿＿＿＿＿＿＿＿＿＿＿

日　　期：＿＿＿＿＿＿＿＿＿＿＿＿＿＿＿＿＿

隐患排查治理公示牌

JA-5-3-1

单位：　　　　　　　　　　　　　　　　　　　　公示日期：　　年　月　日

序号	隐患名称	存在位置	隐患等级	不符合状况	治理措施要求	责任人	治理期限	复查时间	复查人	整改情况	是否销号

注：1. 公示牌应采用坚固、耐久并具有防雨防潮功能的材料制作。2. 尺寸宜为 2.4m 或 2m（长）×1.2m（高），底边距地不低于 1.2m，高度应适合作业人员阅读。3. 公示牌尺寸、内容可根据工作实际调整。

双重预防体系管理资料　　　　　　　　　　　　　　　　**JA-5-4**

隐患整改通知书

施工单位：＿＿＿＿＿＿＿＿＿＿＿＿＿＿＿＿

工程名称：＿＿＿＿＿＿＿＿＿＿＿＿＿＿＿＿

日　　期：＿＿＿＿＿＿＿＿＿＿＿＿＿＿＿＿

隐患整改通知书　　　　　JA-5-4-1

编号：

单位名称		工程名称	
送达时间		工程地点	

存在隐患	
整改期限	
被查单位意见	负责人（签字）： 　　　年　月　日
检查单位意见	检查单位（章）：　　　　　　　负责人（签字）： 　　　年　月　日

注：1. 检查单位、被检查单位各留存 1 份。2. 整改后填写隐患整改报告书。

双重预防体系管理资料 　　　　　　　　　　　　　　　JA-5-5

隐患整改报告书

施工单位：＿＿＿＿＿＿＿＿＿＿＿＿＿＿＿＿

工程名称：＿＿＿＿＿＿＿＿＿＿＿＿＿＿＿＿

日　　期：＿＿＿＿＿＿＿＿＿＿＿＿＿＿＿＿

隐患整改报告书　　　　JA-5-5-1

报告单位：　　　　　　　　　　　　原隐患整改通知书编号：

工程名称		工程地点	
整改情况	 被查单位负责人（签字）： 年　月　日		
复查情况	 被查单位复查人（签字）： 年　月　日		
检查单位意见	 检查单位（章）：　　　　　　　　　负责人（签字）： 年　月　日		

注：1. 附原隐患整改通知书。2. 整改情况要有整改人、整改时间、整改措施等内容。

双重预防体系管理资料   JA-5-6

重大事故隐患评估报告书

施工单位：＿＿＿＿＿＿＿＿＿＿＿＿＿＿＿＿＿＿

工程名称：＿＿＿＿＿＿＿＿＿＿＿＿＿＿＿＿＿＿

日　　期：＿＿＿＿＿＿＿＿＿＿＿＿＿＿＿＿＿＿

重大事故隐患评估报告书　　JA-5-6-1

评估单位		评估人员	
隐患名称		风险程度	
隐患类型		影响范围	
发现时间		评估时间	
隐患概况			
监控措施			
治理方式			
治理期限			
重大事故隐患治理方案编制意见			

注：1. 此表也适用于重大职业病隐患评估报告。2. 附重大事故隐患治理方案。

双重预防体系管理资料　　　　　　　　　　　　　JA-5-7

重大隐患整改销号审批表

施工单位：＿＿＿＿＿＿＿＿＿＿＿＿＿＿＿

工程名称：＿＿＿＿＿＿＿＿＿＿＿＿＿＿＿

日　　期：＿＿＿＿＿＿＿＿＿＿＿＿＿＿＿

重大隐患整改销号审批表　　　JA-5-7-1

隐患编号：

企业名称		企业负责人	
隐患名称		隐患类型	
发现时间		完成时限	
隐患概况 （包括隐患形成 原因，可能影 响范围、造成 的职业病人数、 造成的直接 经济损失）			
主要治理方案 （包括治理措 施、所需资金、 完成时限、治 理期间采取的 防范措施和 应急措施）			
整改情况			
企业分管 负责人意见			
企业主要 负责人意见			
政府主管 部门意见			

双重预防体系管理资料　　　　　　　　　　　JA-5-8

隐患排查治理台账

施工单位：＿＿＿＿＿＿＿＿＿＿＿＿＿＿＿＿＿＿＿

工程名称：＿＿＿＿＿＿＿＿＿＿＿＿＿＿＿＿＿＿＿

日　　期：＿＿＿＿＿＿＿＿＿＿＿＿＿＿＿＿＿＿＿

JA-5-8-1

隐患排查治理台账

序号	隐患内容	所属单位	隐患等级	整改措施	责任人	限改日期	整改情况	复查人	复查时间	未整改原因	备注

注：此表适用于安全生产事故隐患和职业病危害事故隐患排查治理。

日期：　　　年　月　日

双重预防体系管理资料　　　　　　　　　　　　　　　JA-5-9

重大事故隐患排查治理台账

施工单位：＿＿＿＿＿＿＿＿＿＿＿＿＿＿＿＿

工程名称：＿＿＿＿＿＿＿＿＿＿＿＿＿＿＿＿

日　　期：＿＿＿＿＿＿＿＿＿＿＿＿＿＿＿＿

重大事故隐患排查治理台账　　JA-5-9-1

单位名称		单位负责人	
隐患名称		隐患类型	
发现时间		治理完成时限	
隐患概况：（包括隐患形成原因、可能影响范围、造成的死亡人数、造成的职业病人数、造成的直接经济损失）			
重大隐患评估			
主要治理方案：（包括治理措施、所需资金、完成时限、治理期间采取的防范措施和应急措施）			
整改情况			
单位分管负责人意见			
单位主要负责人意见			

双重预防体系管理资料　　　　　　　　　　　　　　JA-6

安全生产风险分级管控／
隐患排查治理体系评审记录

施工单位：＿＿＿＿＿＿＿＿＿＿＿＿＿＿＿＿

工程名称：＿＿＿＿＿＿＿＿＿＿＿＿＿＿＿＿

日　　期：＿＿＿＿＿＿＿＿＿＿＿＿＿＿＿＿

安全生产风险分级管控／隐患排查治理体系评审记录 JA-6-1

评审项目	□安全生产风险分级管控体系　　　□隐患排查治理体系			
评审单位			评审人员	
评审地点			评审日期	
评审方式	□形式评审　　　　　　　　□要素评审			
运行情况	□适宜性　　　□充分性　　　□有效性			
评审意见	□符合　　　□基本符合　　　□不符合			
基本符合 修改建议				
不符合 修改建议				
完善内容				
评审结论				